U0156759

计算机应用技术与创新发展研究

李淑娣 鲁 洋 傅正英 ◎ 著

中国华侨出版社
·北京·

图书在版编目（CIP）数据

计算机应用技术与创新发展研究 / 李淑娣，鲁洋，

傅正英著. -- 北京 ：中国华侨出版社，2023.5

ISBN 978-7-5113-8875-9

Ⅰ．①计… Ⅱ．①李… ②鲁… ③傅… Ⅲ．①电子计

算机－研究 Ⅳ．①TP3

中国版本图书馆 CIP 数据核字（2022）第 117189 号

计算机应用技术与创新发展研究

著　　者：李淑娣　鲁　洋　傅正英

责任编辑：唐崇杰

封面设计：北京万瑞铭图文化传媒有限公司

经　　销：新华书店

开　　本：787 毫米×1092 毫米　1/16 开　印张：16.5　字数：266 千字

印　　刷：北京天正元印务有限公司

版　　次：2023 年 5 月第 1 版

印　　次：2023 年 5 月第 1 次印刷

书　　号：ISBN 978-7-5113-8875-9

定　　价：79.00 元

中国华侨出版社　北京市朝阳区西坝河东里 77 号楼底商 5 号　邮编：100028

发行部：(010)69363410　　　　传　真：(010)69363410

网　址：www.oveaschin.com　E-mail：oveaschin@sina.com

前言

计算机在各个领域的广泛应用不仅提高了人们的生活质量，为人们带来了各种便利，还在人们的生产和日常工作中发挥着极其重要的作用，大大提高了生产和工作效率。随着计算机技术的应用和发展，与其他领域的技术相结合并进行技术上的创新，为人们提供了各种高科技的信息技术，推动了社会经济的发展和科学技术的进步。如今，计算机技术已经成为主导社会经济发展的一个重要因素。使用计算机和网络信息技术的意识，并应用这些技术进行信息获取、存储、传输和处理的技能，以及运用计算机解决实际问题的能力，成为当今社会衡量一个人文化素养的重要标志。

进入 21 世纪以来，科学技术突飞猛进，以电子计算机、网络通信等为核心的信息技术彻底改变了人们的工作、学习和生活方式。随着 5G 技术的到来，人与人的连接拓展到物与物的连接，甚至是智能与智能的连接，开启了万物互联和万事互联的新阶段。

本书由计算机的定义、计算机操作系统的运用、计算机进程管理的运用、计算机图形图像技术应用、信息安全与计算机新技术这几部分组成，全书以发展创新计算机技术与创新研究为主要内容，分析计算机仿真模型研究、计算机视觉关键算法研究、计算机多媒体应用等，为数据选择适当的逻辑结构、存储结构以及相应的处理算法，要求掌握算法的时间、空间复杂度分析基本技术，培养良好的风格，并通过计算机实际应用及其信息化创新进行深一步的研究，理论结合实际，对从事计算机、信息化等方面的研究者及工作者具有学习和参考价值。

由于计算机技术发展日新月异，软件版本更新频繁，加之编者水平有限，编写时间较为仓促，书中难免存在不足之处，恳请广大读者批评指正并提出宝贵意见。

目录

第一章 计算机的定义

第一节 计算机的发展

一、计算机的产生

远古时代，人类的祖先用石子和绳结来计数。随着社会的发展，需要计算的问题越来越多，石子和绳结已不能适应社会的需要，于是人们发明了计算工具。世界上最早的计算工具是算筹。随着科学的发展，在研究中遇到大量繁重的计算任务，促使科学家们对计算工具进行了改进。17世纪以后，计算工具在西方呈现出较快的发展趋势。具有代表意义的计算机工具有：

①布莱士·帕斯卡（Blaise Pascal）的加法机：1642年，法国数学家、物理学家和思想家布莱士·帕斯卡开始研制机械加法机，借助精密的齿轮传动原理，帕斯卡制成了世界上第一台能自动进行加减运算的加法机。

②戈特弗里德·威廉·莱布尼茨（Gottfried Wilhelm Leibniz）的乘法机：1674年，德国数学家莱布尼茨制成了第一台可以进行加、减、乘、除运算的乘法机。

③查尔斯·巴贝奇（Charles Babbage）的差分机和分析机：1822年，英国人巴贝奇制成了差分机。所谓"差分"就是把函数表示的复杂算式转化为差分运算。1834年，巴贝奇又完成了分析机的设计方案，其设计思想与现代计算机非常接近，从结构上看与现代电子计算机相似，但巴贝奇没有在他有生之年制造出分析机。

④赫尔曼·霍列瑞斯（Herman Hollerith）的穿孔制表机：这台机器大约在1880年由美国统计学家霍列瑞斯发明。穿孔制表机的发明使计算工具开始从机械时代向电子时代迈进，计算机技术进入萌芽时期。第二次世界

大战期间，美国军方为了解决大量军用数据需要计算的难题，由美国宾夕法尼亚大学莫尔学院物理学家约翰·威廉·莫克利（John WillianMauchly）和工程师约翰·埃克特（J.P. Eckert）领导的科研小组于 1946 年 2 月 14 日研制成功世界上第一台电子数字积分计算机（Electronic Numerical Integrator And Computer，ENIAC）。它由 18 000 多个电子管、7 000 多个电阻器、10 000 多个电容器以及 6 000 多个开关组成，占地面积约 170 ㎡，整个机器质量为 30 多吨，运算速度只有每秒 300 次混合运算或 5 000 次加法运算。尽管 ENIAC 有许多不足之处，但它毕竟是计算机的始祖，拉开了计算机时代的序幕。

二、计算机的发展阶段

从第一台计算机诞生到现在，在这期间，计算机以惊人的速度发展，首先是晶体管取代了电子管，继而是微电子技术的发展，处理器和存储器上的元件越做越小，计算机的体积越来越小，功能越来越强，价格越来越低，应用越来越广泛。1975 年，美国 IBM 公司推出了个人计算机（Personal Computer，PC），从此，人们对计算机不再陌生，计算机开始深入人类生活的各个方面。

（一）计算机的年代划分

按计算机所采用的物理元件来划分，可以将计算机的发展划分为四代。

1. 第一代电子计算机（1946—1958 年）

第一代电子计算机以电子管为逻辑元件。电子管的寿命最长只有 3000h，计算机运行时常常发生由于电子管被烧坏而使计算机死机的现象，因此这一代电子计算机寿命短、体积大、耗电量大、成本高。

2. 第二代电子计算机（1959—1964 年）

第二代电子计算机以晶体管为逻辑元件。由于晶体管在体积上比电子管小很多，所以第二代电子计算机体积小、质量小、能耗低、成本低，计算机的可靠性和运算速度均得到提高。

3. 第三代电子计算机（1965—1970 年）

第三代电子计算机采用中小规模集成电路，因此计算机体积更小、质量更小、耗电更少、寿命更长、成本更低、可靠性更高、运算速度更快。

4. 第四代电子计算机（1971 年至今）

第四代电子计算机采用大规模集成电路和超大规模集成电路，使计算机进入一个新时代。

（二）我国计算机的研究成果

我国计算机的研制工作虽然起步较晚，但是发展较快。1958 年，中科院计算所研制出我国第一台小型电子管通用计算机——103 机（八一型），标志着我国第一台电子计算机诞生。1965 年，中科院计算所研制出第一台大型晶体管计算机——109 乙机，之后又研制出 109 丙机。20 世纪 90 年代以来，计算机进入快速发展阶段。目前，我国已具备自行研制国际先进水平超级计算机系统的能力，并形成了神威、银河、曙光、联想和浪潮等产品系列和研究队伍。

2009 年，在国家相关政策的支持下，我国高性能计算机的研发和应用跨入世界先进行列，摆脱了在高性能计算领域对国外技术的依赖。中国研制的曙光 4000A 和曙光 5000A 超级计算机曾两次位居世界第 10 名。德国莱比锡举行的"2013 国际超级计算大会"上，正式发布了第 41 届世界超级计算机 500 强排名榜。由我国国防科技大学研制的"天河二号"超级计算机系统，以峰值计算速度每秒 5.49 亿亿次、持续计算速度每秒 3.39 亿亿次双精度浮点运算的优异性能位居榜首。"2015 国际超级计算大会"上，由我国国防科技大学研制的"天河二号"超级计算机系统，在国际超级计算机 TOP500 组织发布的第 45 届世界超级计算机 500 强排行榜上再次位居第一。这是"天河二号"自 2013 年 6 月问世以来，连续 5 次位居世界超算 500 强榜首。

三、计算机的发展趋势

未来的计算机将向巨型化、微型化、网络化和智能化四个方向发展。

（一）巨型化（或功能巨型化）

巨型化是指计算机向高速度、大容量、高精度和多功能的方向发展，其运算速度一般在每秒百亿次以上。

（二）微型化（或体积微型化）

微型化是指利用微电子技术和超大规模集成电路技术，把计算机的体积进一步缩小，价格进一步降低，计算机的微型化已成为计算机发展的重要方向。目前市场上已出现的各种笔记本式计算机、膝上型和掌上型计算机都是向这一方向发展的产品。

（三）网络化

计算机联网可以实现计算机之间的通信和资源共享。网络化能够充分利用计算机的宝贵资源，为用户提供可靠、及时、广泛和灵活的信息服务。

（四）智能化

智能化是指使计算机具有模拟人的感觉和思维过程的能力。智能化的研究包括自然语言的生成和理解、博弈、自动证明定理、自动程序设计、专家系统、学习系统和智能机器人等。目前已研制出多种具有人的部分智能的"机器人"，可以代替人在一些危险的工作岗位上工作。

四、未来新型计算机

（一）光子计算机

光子计算机是一种由光信号进行数字运算、逻辑操作、信息存储和处理的新型计算机。光子计算机的基本组成元件是集成光路。与传统硅芯片的计算机不同，它是用光束代替电子进行数据运算、传输和存储。光的并行和高速决定了光子计算机的并行处理能力很强，并且具有很高的运算速度，可以对复杂度高和计算量大的任务进行快速的并行处理。光子计算机将使运算速度在目前基础上呈指数上升。

光子计算机具有很多优点，主要表现在以下几个方面：

①具有超高的运算速度。电子的传播速度是 593 km/s，而光子的传播速度却达 3×10 km/s，光子计算机的运算速度要比电子计算机快得多，对使用环境条件的要求也比电子计算机低得多。

②具有超大规模的信息存储容量。光子计算机具有极为理想的光辐射源——激光器，光子的传导可以不需要导线，即使在相交的情况下，它们之间也不会互相影响。

③能量消耗低，散发热量少，是一种节能型产品。光子计算机的驱动只需要同类规格的电子计算机驱动能量的一小部分，从而降低了电能消耗，并且减少了散发的热量，为光子计算机的微型化和便携化的研制提供了便利的条件。

（二）生物计算机

科学家通过对生物组织体进行研究，发现组织体是由无数细胞组成的，细胞又由水、盐、蛋白质和核酸等物质组成。有些有机物中的蛋白质分子像开关一样，具有"开"与"关"的功能，因此人们可以利用遗传工程技术仿制出这种蛋白质分子，用来作为元件制成计算机，科学家把这种计算机叫作生物计算机。生物计算机的主要原材料是生物工程技术产生的蛋白质分子，并以此作为生物芯片，利用有机化合物存储数据，通过控制 DNA 分子间的生物化学反应来完成运算。

生物计算机具有很多优点，主要表现在以下几个方面：

①体积小。在 1 mm 面积上可容纳数亿个电路，比目前的集成电路小得多，用它制成的计算机体积小，已经不像现在计算机的形状了。

②具有永久性和很高的可靠性。生物计算机的内部芯片出现故障时，不需要人工修理就能自我修复，这就如同人们在运动中不小心碰伤了身体，有的人不必使用药物，过几天伤口就愈合了，这是因为人体具有自我修复功能。生物计算机也具有自我修复功能，所以生物计算机具有永久性和很高的可靠性。

③需要很少的能量就可以工作。生物计算机的元件是由有机分子组成的生物化学元件，它们是利用化学反应工作的，所以只需要很少的能量就可以工作。

目前，生物芯片仍处于研制阶段，但在生物元件，特别是在生物传感器的研制方面已取得很多的实际成果，这将促使计算机、电子工程和生物工程三个学科的专家通力合作，加快研究开发生物芯片的速度，早日研制出生物计算机。

（三）超导计算机

超导现象是指某些物质在低温条件下呈现电阻趋于零和排斥磁力线的现象，这种物质称为超导体。超导计算机是利用超导技术生产的计算机。

超导计算机的优点主要表现在以下两方面：

①运算速度快。目前制成的超导开关元件的开关速度已达到几皮秒（10^{-12}s）的高水平，这是当今所有电子、半导体和光电元件都无法比拟的，比集成电路要快几百倍。超导计算机运算速度比现在的电子计算机快 100 倍。

②耗电少。一台超导计算机只需一节干电池就可以工作。

（四）量子计算机

量子计算机与传统计算机的原理不同，它建立在量子力学的基础上，用量子位存储数据。它的优点主要表现在以下两方面：

①能够进行量子并行计算。

②具有与大脑类似的容错性。当系统的某部分发生故障时，输入的原始数据会自动绕过损坏或出错的部分进行正常运算，不影响最终计算结果。

第二节 计算机的工作原理

一、工作原理

计算机的工作原理是存储程序与程序控制。这一原理最初由美籍匈牙利数学家冯·诺依曼（John von Neumann）提出，并成功将其运用于计算机的设计中。根据这一原理制造的计算机称为冯·诺依曼体系结构计算机。

存储程序是指人们事先把计算机的指令序列（即程序）及运行中所需的数据通过一定的方式输入并存储在计算机的存储器中。

程序控制是指计算机运行时能自动地逐一取出程序中的一条条指令，然后加以分析并执行规定的操作。计算机具有内部存储能力，可以将指令事先输入计算机中存储起来，在计算机开始工作以后，从存储单元中依次取指令，用来控制计算机的操作，从而使人们不必干预计算机的工作，实现操作的自动化，这种工作方式称为程序控制方式。

时至今日，尽管计算机已经出现了四代，并且软、硬件技术得到了飞速发展，但计算机本身的体系结构并没有明显的突破，仍属于冯·诺依曼体系结构。

二、计算机的特点

（一）自动运行程序，实现操作自动化

计算机在程序控制下自动连续地进行高速运算。因为计算机采用程序控制的方式，所以一旦输入编写好的程序，就能自动地执行下去直至任务完成，实现操作的自动化。这是计算机最突出的特点。

（二）运算速度快

计算机的运算速度通常用每秒执行定点加法的次数或平均每秒执行指

令的条数来衡量。计算机内部承担运算的元件是由一些数字逻辑电路构成的，运算速度远非其他计算工具所能比拟。计算机运算速度快，使得许多过去无法处理的问题都能得以解决。例如，天气预报要分析大量的资料，如用手摇计算机需要计算一两个星期，就失去了预报的意义，而使用计算机不到几分钟就可以完成。

（三）精确度高

计算机可以满足计算结果的任意精确度要求。例如，圆周率的计算从古至今已有 1000 多年的历史。我国古代数学家祖冲之只算出 π 值小数点后 8 位；德国人鲁道夫·范·科伊伦（Ludolph van Ceulen）用了一生的精力把 π 值精确到 35 位；英国的威廉·山克斯（William Shanks）花了 15 年时间，把 π 值精确到了 707 位。1946 年，数学家弗格森（D.F.Fergnson）发现谢克斯计算的 π 值在第 528 位上出了错，当然，528 位以后都错了。1948 年 1 月弗格森和伦奇（J.W.Wrench）两人共同发表了 808 位正确小数的 π 值，这是人工计算 π 值的最高纪录。计算机问世后，π 值的人工计算宣告结束。1949 年第一台电子计算机包括准备和整理时间在内仅用了 70 h，就把 π 值精确到 2035 位。现在，电子计算机已把 π 值计算到 10 亿位以上。

（四）具有记忆（存储）能力

计算机的存储性是计算机区别于其他计算工具的重要特征。计算机的存储器可以把原始数据、程序、中间结果和运算指令等存储起来，以备随时调用。例如，一台计算机能将一个图书馆的全部图书资料信息存储起来，读者能迅速查到所需的资料，这使从浩如烟海的资料中查找所需要的信息成为一件容易的事情。

（五）具有逻辑判断能力

计算机不仅能进行算术运算和逻辑运算，还能对文字和符号进行判断或比较，进行逻辑推理和定理证明。借助逻辑运算计算机能做出逻辑判断，分析命题是否成立，并可根据命题成立与否做出相应的对策。例如，数学中著名的四色问题，它是指任意复杂的地图，要使相邻区域的颜色不同，最多只需四种颜色。100 多年来不少数学家一直想去证明它或者推翻它，却一直没有结果，成了数学中著名的难题。1976 年，两位美国数学家凯尼斯·阿佩尔（Kenneth Appel）与沃夫冈·哈肯（Wolfgang Haken）使用计算机进行了非常复杂的逻辑推理，用了 1 200h 终于验证了这个著名的猜想，轰动了全世界。

三、计算机的分类

计算机从 1946 年诞生发展到今天，种类繁多，可以从不同的角度对计算机进行分类。

（一）按信息表示形式和处理方式的不同进行分类

1. 数字计算机

数字计算机内部的信息用数字 "0" 和 "1" 来表示。数字计算机精度高，存储量大，通用性强，能胜任科学计算、信息处理、实时控制和智能模拟等方面的工作。人们通常所说的计算机就是指电子数字计算机。

2. 模拟计算机

模拟计算机是用连续变化的模拟量来表示信息的。模拟计算机解题速度极快，但计算精度较低，应用范围较窄，目前已很少生产。

3. 数字模拟混合计算机

数字模拟混合计算机是综合了上述两种计算机的长处设计出来的。它既能处理数字量，又能处理模拟量。但是这种计算机结构复杂，设计困难，造价昂贵，目前已很少生产。

（二）按照计算机的用途进行分类

1. 通用计算机

通用计算机是为了能解决各种问题，并具有较强的通用性而设计的计算机。一般的数字计算机多属此类。

2. 专用计算机

专用计算机是为解决一个或一类特定问题而设计的计算机。它的硬件和软件的配置依据解决特定问题的需要而定，并不求全。专用计算机功能单一，配有解决特定问题的固定程序，能高速可靠地解决特定问题。

（三）按照计算机的规模与性能进行分类

计算机按运算速度的快慢、存储数据量的大小、功能的强弱，以及软、硬件的配套规模等不同，分为巨型计算机、大中型计算机、小型计算机、微型计算机、工作站与服务器，具体介绍如下。

1.巨型计算机

巨型计算机是所有计算机类型中价格最贵和功能最强的一类计算机。其主要应用于天文、气象、核技术、航天飞机和卫星轨道计算等尖端科学技术领域。巨型计算机的技术水平是衡量一个国家科学技术和工业发展水平的重要标准，它推动计算机系统结构、硬件及软件的理论和技术、计算数学以及计算机应用等多个科学分支的发展。

2.大中型计算机

大中型计算机也有很高的运算速度和很大的存储量。它在量级上不及巨型计算机，结构上也较巨型计算机简单一些，价格相对巨型计算机便宜，因此使用的范围较巨型计算机广泛，是事务处理、商业处理、信息管理、大型数据库和数据通信的主要支柱。

3.小型计算机

小型计算机结构简单，其规模和运算速度比大中型计算机要差，但具有体积小、价格低和性能价格比高等优点，适合中小企业和事业单位用于工业控制、数据采集、分析计算、企业管理以及科学计算等，也可作为巨型计算机或大中型计算机的辅助机。

4.微型计算机

微型计算机又称个人计算机（Personal Computer，PC），包括台式计算机和笔记本式计算机。它是当今使用最普遍且产量最大的一类计算机，具有体积小、功耗低、成本低和性价比高等优点，因而得到了广泛应用。

5.工作站

工作站是一种高档微型机系统，通常配备有大屏幕显示器和大容量存储器，具有较高的运算速度和较强的网络通信能力，兼有微型机的操作便利性和良好的人机界面。其较突出的特点是具有很强的图形交互能力，因此在工程领域特别是计算机辅助设计领域得到了迅速应用

6.服务器

服务器是一种可供网络用户共享的高性能计算机。服务器一般具有大容量的存储设备和丰富的外部接口，由于运行网络操作系统要求较快的运行速度，所以很多服务器都配置双CPU。

常见的资源服务器有域名解析（Domain Name System，DNS）服务器、

网页（Web）服务器、电子邮件（E-mail）服务器和电子公告板（Bulletin Board System，BBS）服务器等。

四、计算机在信息社会的应用

目前计算机的应用已渗透到社会的各行各业，改变着传统的工作、学习和生活方式，推动着社会的发展。计算机的主要应用领域如下。

（一）科学计算

科学计算是指利用计算机来完成科学研究和工程技术中提出的数学问题的计算。随着现代科学技术的进一步发展，经常遇到许多数学问题，这些问题用传统的计算工具难以完成，有时人工计算需要几个月甚至几年，而且不能保证计算的准确性，使用计算机则只需要几天、几小时甚至几分钟就可以精确地计算出来。例如，天气预报数据的分析和计算、人造卫星飞行轨迹的计算、火箭和宇宙飞船的研究设计都离不开计算机。利用计算机的高速计算、大容量存储和连续运算的能力，可以实现人工无法解决的各种科学计算问题。

（二）数据处理（或信息处理）

在科学研究和工程技术中会得到大量的原始数据，其中包括图片、文字和声音等。数据处理是对各种数据进行收集、排序、分类、存储、整理、统计和加工等一系列活动的统称。目前数据处理已广泛应用于人口统计、办公自动化、邮政业务、机票订购、医疗诊断、企业管理、情报检索、图书管理和电影电视动画设计等领域。数据处理已成为当代计算机的主要任务，是现代化管理的基础，在计算机应用中数据处理所占的比重最大。

（三）计算机辅助技术

计算机辅助技术包括计算机辅助设计、计算机辅助制造和计算机辅助教学等。

1. 计算机辅助设计

计算机辅助设计（Computer Aided Design，CAD）是指利用计算机系统辅助设计人员进行工程或产品设计，以实现最佳设计效果的一种技术。CAD技术已广泛应用于飞机、船舶、建筑、机械和大规模集成电路设计等领域。例如，在建筑设计过程中，可以利用CAD技术进行力学计算、结构计算和绘制建筑图纸等。使用CAD技术可以提高设计质量，缩短设计周期，提高设计自动化水平。

2. 计算机辅助制造

计算机辅助制造（Computer Aided Manufacturing，CAM）是指利用计算机通过各种数值控制生产设备，完成产品的加工、装配、检测和包装等生产过程的技术。例如，在产品的制造过程中，通过计算机控制机器的运行，处理生产过程中所需要的数据，控制和处理材料的流动以及对产品进行检测等。使用 CAM 技术可以提高产品质量，降低成本和降低劳动强度，缩短生产周期，提高生产率和改善劳动条件。

目前有些国家已把 CAD、CAM、CAT（Computer Aided Test，计算机辅助测试）及 CAE（Computer Aided Engineering，计算机辅助工程）组成一个集成系统，使设计、制造、测试和管理有机地组成一体，形成高度的自动化系统，实现了自动化生产线和"无人工厂"或"无人车间"。

3. 计算机辅助教学

计算机辅助教学（Computer Aided Instruction，CAI）是指将教学内容、教学方法以及学生的学习情况等存储在计算机中，用计算机来辅助完成教学计划或模拟某个实验过程，帮助学生轻松地学习所需要的知识。CAI 的主要特色是交互教育、个别指导和因人施教。CAI 不仅能减轻教师的负担，还能激发学生的学习兴趣，提高教学质量，为培养现代化高质量人才提供有效的方法，在现代教育技术中起着相当重要的作用。

除了上述计算机辅助技术外，还有其他的辅助功能，如计算机辅助出版、计算机辅助排版、计算机辅助管理和计算机辅助绘图等。

（四）过程控制（或实时控制）

过程控制是指利用计算机即时采集检测数据，按最佳值迅速对控制对象进行自动调节或自动控制。采用计算机进行过程控制，不仅可以大大提高控制的自动化水平，而且可以提高控制的及时性和准确性，从而降低生产成本和劳动强度，改善劳动条件，提高产品质量及合格率。目前，计算机过程控制已在机械、冶金、石油、化工、纺织、水电等领域得到广泛的应用。

计算机过程控制还在国防和航空航天领域中起决定性作用。例如，人造卫星、无人驾驶飞机和宇宙飞船等飞行器的控制都是通过计算机来实现的，因此计算机是现代国防和航空航天领域的神经中枢。

（五）多媒体技术应用

多媒体技术借助普及的高速信息网实现信息资源共享。目前多媒体技术已经应用在医疗、教育、图书、商业、银行、保险、行政管理、工业、咨询服务、广播和出版等领域。随着计算机技术和通信技术的发展，多媒体技术已成为现代计算机技术的重要应用领域之一。

（六）人工智能（或智能模拟）

人工智能是指用计算机模拟人类的智能活动，如判断、理解、学习、图像识别和问题求解等。它涉及计算机科学、信息论、神经学、仿生学和心理学等诸多学科，在医疗诊断、定理证明、语言翻译和机器人等方面已经有了显著的成效。例如，我国已成功开发了一些中医专家诊断系统，用于模拟名医给患者诊病、开处方。

（七）网络应用

计算机技术与现代通信技术的结合构成了计算机网络。硬件资源的共享可以提高设备的利用率，避免设备的重复投资，如利用计算机网络建立网络打印机。软件资源和数据资源的共享可以充分利用已有的信息资源，减少软件开发过程中的劳动，避免大型数据库的重复设置。用户还可以通过计算机网络传送电子邮件、发布新闻消息和进行电子商务活动。计算机网络已在工业、农业、交通运输、邮电通信、商业、文化教育、国防以及科学研究等各个领域和各个行业获得了越来越广泛的应用。

第三节　计算机的基本运算

一、四则运算

乘法可以由加法实现，除法可以由减法实现。在计算机中通过补码的方式减法可由加法实现，由此可见，除法也可由加法实现。所以说，计算机只要做加法运算就可以完成各种数值运算。

二进制数的加法运算规则如下：

0+0=0

1+0=1

0+1=1

1+1=10

二进制数的乘法运算规则如下：

$0 \times 0 = 0$

$1 \times 0 = 0$

$0 \times 1 = 0$

$1 \times 1 = 1$

以上运算规则简单，容易在计算机上实现。

二、逻辑运算

任何复杂的逻辑运算都可以由三种基本逻辑运算来实现，即逻辑与（AND）、逻辑或（OR）、逻辑非（NOT），分别简称为与、或、非。逻辑变量的取值和运算结果只有"真（True）"和"假（False）"两个值。在计算机中，可用1表示"真"，用0表示"假"。

基本的逻辑运算规则如下：

（一）"与"运算规则

"与"运算用 AND 或"·"表示，如 A AND B 或 A·B。A、B 的取值为0或1。

运算规则如下：

0 AND 0=0

0 AND 1=0

1 AND 0=0

1 AND 1=1

或表示为：

$0 \cdot 0 = 0$

$0 \cdot 1 = 0$

$1 \cdot 0 = 0$

$1 \cdot 1 = 1$

上面四条规则表示只有当两个命题 A、B 都为"真"时，A"与"B 运算的结果才为"真"，其余情况运算结果都为"假"。

（二）"或"运算规则

"或"运算用 OR 或"＋"表示，如 A OR B 或 A＋B。A、B 的取值

为 0 或 1。

运算规则如下：

0 OR 0=0

0 OR 1=1

1 OR 0=1

1 OR 1=1

或表示为：

0 ＋ 0=0

0 ＋ 1=1

1 ＋ 0=1

1 ＋ 1=1

上面四条规则表示只有当两个命题 A、B 都为"假"时，A"或"B 运算的结果才为"假"，其余情况运算结果都为"真"。

（三）"非"运算规则

"非"运算用 NOT 表示，如 NOT A。

运算规则为：NOT 0=1，NOT 1=0。

上面两条规则表示当命题 A 为"假"时，"非"A 运算结果为"真"；当命题 A 为"真"时，"非"A 运算结果为"假"。

归纳以上运算规则并将其列成表，称为基本逻辑运算的真值表，表示逻辑变量取值与逻辑运算结果之间的关系，如表 1-1 所示。

表 1-1 基本逻辑运算真值表

A	B	A AND B	A OR B	NOT A
0	0	0	0	1
0	1	0	1	1
1	0	0	1	0
1	1	1	1	0

第四节 计算思维

一、计算的概念和模式

（一）计算的概念

广义的计算包括数学计算、逻辑推理、数理统计、问题求解、图形图像的变换、网络安全、代数系统理论、上下文表示、感知与推理、智能空间等，甚至包括程序设计、机器人设计、建筑设计等设计问题。

传统的科学方法一般是指科学实验和逻辑演绎，现在认为计算是第3种科学方法。计算作为一种相对独立的方法出现在科学研究之中，天文学家发现海王星就是一个典型的实例，而且成为一种典型的科学方法。海王星不是直接通过观测发现的，而是数学计算的结果。1845年，英国剑桥大学的约翰·柯西·亚当斯（John Couch Adams）和法国天文学家乌尔班·勒威耶（Urbain Le Verrier）分别独立在理论上计算出这颗海王星的轨道。勒威耶在得到结果后就立即联系当时的柏林天文台副台长、天文学家J.G.伽勒（J.G.Galle）。伽勒在收到信的当晚向预定位置观看，就看到了这颗较暗太阳系第8颗行星。

（二）新的计算模式

1.普适计算

随着计算机及相关技术的发展，通信能力和计算能力的获得正变得越来越容易，其相应的设备所占用的体积也越来越小，各种新形态的传感器、计算/联网设备蓬勃发展；同时由于对生产效率、生活质量的不懈追求，人们希望能随时、随地、无困难地享用计算能力和信息服务，由此引发了计算模式的新变革，这就是计算模式的第三个时代——普适计算时代。

普适计算的思想也称为普适计算模式。在这种模式中，人们能够在任何时间（anytime）、任何地点（anywhere），用任何方式（anyway）访问到所需要的信息。

普适计算将计算机融入人们的生活，形成一个"无时不在、无处不在、不可见"的计算环境。在这种环境下，所有具备计算能力的设备都可以联网，通过标准的接口提供公开的服务，设备之间可以在没有人的干预下自动交换信息，协同工作，为终端用户提供服务。

2.网格计算

网格计算是伴随着互联网技术而迅速发展起来的，是专门针对复杂科学计算的新型计算模式。这种计算模式是利用互联网把分散在不同地理位置的计算机组织成一个"虚拟的超级计算机"，其中每一台参与计算的计算机就是一个"节点"，而整个计算是由成千上万个"节点"组成的"一张网格"，所以这种计算方式称为网格计算。这样组织起来的"虚拟的超级计算机"有两个优势：一是数据处理能力超强；二是能充分利用网上的闲置处理能力。简单地讲，网格是把整个网络整合成一台巨大的超级计算机，实现计算资源、存储资源、数据资源、信息资源、知识资源、专家资源的全面共享。

网格计算是研究如何把一个需要非常巨大的计算能力才能解决的问题分成许多小的部分，然后把这些部分分配给许多低性能的计算机来处理，最后把这些计算结果综合起来，从而达到攻克难题的目的。

3. 云计算

计算模式大约每 15 年就会发生一次变革。至今，计算模式经历了主机计算、个人计算、网格计算，现在云计算也被普遍认为是计算模式的一个新阶段。20 世纪 60 年代中期是大型计算机的成熟时期，这时的主机—终端模式是集中计算，一切计算资源都集中在主机上；1981 年 IBM 推出个人计算机（PC）用于家庭、办公室和学校，推进信息技术发展进入 PC 时代，此时变成了分散计算，主要计算资源分散在各个 PC 上；1995 年随着浏览器的成熟，以及互联网时代的来临，使分散的 PC 连接在一起，部分计算资源虽然还分布在 PC 上，但已经越来越多地集中到互联网；直到 2010 年，云计算概念的兴起实现了更高程度的集中，它可将分布在世界范围内的计算资源整合为一个虚拟的统一资源，实现按需服务、按量计费，使计算资源的利用犹如电力和自来水般快捷和方便。

云计算的核心思想是将大量用网络连接的计算资源进行统一管理和调度，从而构成一个计算资源池向用户按需服务。提供资源的网络被称为"云"。"云"中的资源在使用者看来是可以无限扩展的，并且可以随时获取，随时扩展，按需使用，按需付费。

继个人计算机变革、互联网变革之后，云计算被看作第三次 IT 浪潮，它意味着计算能力也可作为一种商品通过互联网进行流通。

二、思维的概念和类型

思维是一种复杂的高级认识活动，是人脑对客观现实进行间接的、概括的反映过程，它可以揭露事物的本质属性和内部规律性。经过人的思维加工，就能够更深刻、更完全、更正确地认识客观事物。一切科学概念、定理、法则、法规、法律都是通过思维概括出来的，思维是一种高级认识过程，包括理论思维、实验思维、计算思维三种类型。

（一）理论思维

理论思维又称推理思维，以推理和演绎为特征，以数学学科为代表。理论思维支撑着所有的学科领域，正如数学一样，定义是理论思维的灵魂，定理和证明是理论思维的精髓，公理化方法是最重要的理论思维方法。

（二）实验思维

实验思维又称实证思维，以观察和总结自然规律为特征，以物理学科为代表。实验思维的先驱是意大利科学家伽利略，他被人们誉为"近代科学之父"。与理论思维不同，实验思维往往需要借助于某些特定的设备，并用它们来获取数据以供以后分析。

（三）计算思维

计算思维又称构造思维，以设计和构造为特征，以计算机学科为代表。计算思维运用计算机科学的基础概念进行问题求解、系统设计等工作。

三、计算思维的概念

（一）计算思维产生的背景

2006年3月，美国计算机权威期刊《*COMMUNICATIONS OF THE ACM*》上首次提出了计算思维（computational thinking）的概念。其中提到：计算思维是运用计算机科学的基础概念进行问题求解、系统设计，以及人类行为理解等涵盖计算机科学之广度的一系列思维活动。

2007年美国国家科学基金会制定了"振兴大学本科计算教育的途径"（CPATH）计划。该计划将计算思维的学习融入计算机、信息科学、工程技术和其他领域的本科教育中，以增强学生的计算思维能力，促成造就具有基本计算思维能力的、在全球有竞争力的美国劳动大军，确保美国在全球创新企业的领导地位。

2011年度美国国家科学基金会又启动了"21世纪计算教育"计划，计划建立在CPATH项目成功的基础上，其目的是提高中小学和大学一年级、二年级教师与学生的计算思维能力。

（二）计算思维的定义

国际上广泛认同的计算思维定义来自周以真教授：计算思维是人们运用计算机科学的基础概念去求解问题、设计系统以及理解人类行为。它包括了涵盖计算机科学之广度的一系列思维活动。计算思维融合了数学思维、工程思维和科学思维。它如同所有人都具备的"读、写、算"能力一样，是必须具备的思维能力。

计算思维本身并不是新的东西，长期以来都在被不同领域的人们自觉或不自觉地采用。为什么现在需要特别强调？因为这与人类社会的发展直接相关。我们现在所处的时代，称为"大数据"时代，人类社会方方面面的活动从来没有像现在这样被充分地数字化和网络化。人们在商场的消费信息会实时地在国家信用中心的计算机系统中反映出来；移动通信运营商原则上可以随时知道每个人的地理位置；呼啸在京广线上的高铁列车的状态随时被传给指挥控制中心。也就是说，对于任何现实的活动，都伴随着相应数据的产生。数据成为现实活动所留下的"痕迹"。现实活动难以重演，但数据分析可以反复进行。对数据的分析研究实质上就是计算，这就是计算思维的用武之地。

（三）计算思维的本质

抽象和自动化是计算思维的本质。计算思维中的抽象完全超越物理的时空观，并完全用符号来表示。与数学和物理科学相比，计算思维中的抽象显得更为丰富，也更为复杂。

计算思维通过约简、嵌入、转化和仿真等方法，把一个困难的问题表示为求解它的算法，可以通过计算机自动执行，所以具有自动化的本质。

四、计算思维的方法

计算思维是每个人的基本技能，不仅仅属于计算机科学家。因此每个学生在培养解析能力时不仅应掌握阅读、写作和算术（Reading, wRiting, and aRithmetic, 3R），还要学会计算思维，用计算思维方法对问题进行求解。

计算思维方法很多，周以真教授将其阐述成以下几大类：

①计算思维通过约简、嵌入、转化和仿真等方法，把一个困难的问题重新阐释成一个如何求解它的问题。

②计算思维是一种递归思维，是一种并行处理，是一种把代码译成数据又能把数据译成代码的方法。

③计算思维采用抽象和分解的方法来控制复杂的任务或进行巨型复杂系统的设计，基于关注点分离的方法（SOC方法）。由于关注点混杂在一起会导致复杂性大大增加，把不同的关注点分离开来分别处理是处理复杂性

任务的一个原则。

④计算思维选择合适的方式对一个问题的相关方面进行建模，使其易于处理，在不必理解每一个细节的情况下，就能够安全地使用、调整和影响一个大型复杂系统。

⑤计算思维采用预防、保护及通过冗余、容错、纠错的方法，从最坏情形进行系统恢复。

⑥计算思维是一种利用启发式推理来寻求解答的方法，即在不确定情况下进行规划、学习和调度。

⑦计算思维是一种利用海量数据来加快计算，在时间和空间上，在处理能力和存储容量上进行折中处理的方法。

五、计算思维与科学发现和技术创新

计算思维改变了大学计算机教育沿袭了几十年的教学模式，能够培养造就具有计算思维能力的、训练有素的科技人才、劳动大军和现代公民，是大学计算机教育振兴的途径。

计算思维在其他学科中也有着越来越深刻的影响。计算生物学正在改变着生物学家的思考方式，计算博弈理论正在改变着经济学家的思考方式，纳米计算正在改变着化学家的思考方式，量子计算正在改变着物理学家的思考方式。融合多学科方法，通过计算思维对计算概念、方法、模型、算法、工具与系统等的改进和创新，使科学与工程领域产生新理解、新模式，从而创造出革命性的研究成果。

计算思维代表着人们的一种普遍的认识和一类普适的能力，不仅是计算机科学家，而且是每一个人都应该热心地学习和运用的，用计算思维方法去思考和解决问题。

第二章 计算机操作系统的运用

第一节 计算机操作系统概述

一、操作系统的定义

硬件和软件是计算机系统的两大组成部分，计算机硬件部分由中央处理器（运算器和控制器）、存储器、输入设备和输出设备等部件组成，是软件系统和用户作业正常运作的物质基础和工作环境。

软件部分包括系统软件和应用软件。操作系统、系统实用程序、汇编和编译程序等都属于系统软件。为应用程序编制的软件是应用软件。

裸机是无任何软件支持的计算机。裸机只是计算机系统的物质基础，呈现在用户面前的是经过若干层软件包装的计算机。

计算机硬件和软件以及应用之间是一种层次结构的关系，最里层的是裸机，裸机的外层是操作系统，操作系统外层是提供各种服务功能的软件系统。裸机加上这些软件层后变得功能强大且使用方便，通常被称为虚拟机（virtual machine），也叫扩展机（extended machine），各种实用程序和应用软件运行在操作系统之上，以操作系统作为支撑环境，向用户提供其所需的各种服务。

因此，我们可以这样定义操作系统：操作系统是计算机系统中的一个重要的系统软件，它是一些功能模块的集合，管理和控制计算机系统中的硬件及软件资源，合理地组织计算机的工作流程，以便有效地利用这些资源为用户提供一个功能强大、使用方便、可扩展、可管理的安全的工作环境，从而在计算机与用户之间起到接口的作用。

二、操作系统的发展历程

操作系统是由客观需求产生的，它伴随计算机技术及其应用的日益发展而逐渐发展和完善。操作系统在计算机系统中的地位不断提高。今天，操作系统已经成为计算机系统中的核心，任何计算机都要配置操作系统。计算机技术的进步带动着操作系统的发展。

（一）计算机发展主要分为四个阶段

第一代：电子管时代，无操作系统阶段。

第二代：晶体管时代，批处理系统阶段。

第三代：集成电路时代，多道程序设计阶段。

第四代：大规模和超大规模集成电路时代，分时系统阶段。

为适应计算机的发展过程，操作系统也经历了如下历程：手工操作系统（也称为无操作系统）、批处理系统、执行系统、多道程序系统、分时系统、实时系统、通用操作系统、网络操作系统、分布式操作系统等。

（二）操作系统的发展阶段

1. 第一代手工操作系统

1946 年至 20 世纪 50 年代是手工操作系统时代，即无操作系统时代。

手工操作系统计算机的特点：硬件上表现的是巨型机，使用电子管（运行速度每秒几千次）；使用的语言是机器语言；无操作系统；输入输出采用插件板、纸袋、卡片；其用户既是程序员，又是管理员。

其操作过程是先把程序纸带（或卡片）装上计算机，然后启动输入机把程序送入计算机，接着通过控制台开关启动程序运行，计算完毕，打印机输出计算结果，用户卸下并取走纸带（或卡片），第二个用户上机，重复以上操作步骤。操作过程的特点主要是人工参与、独占式且串行式。手工操作系统存在的主要问题是人机矛盾，即当计算机速度提高时，手工操作的慢速度和计算机运行的高速度之间存在矛盾。

2. 第二代批处理系统

20 世纪 50 年代末至 20 世纪 60 年代中期是批处理系统时代。

在手工操作系统时代，任何一个步骤的错误操作都可能导致作业从头开始。用户希望将程序设计和运行管理分离，同时也为了提高 CPU 的利用率，因此提出了批处理系统。其解决方案主要是配备专门的计算机操作员。

批处理分为单道批处理和多道批处理。

单道批处理系统计算机的特点：计算机硬件主要为大型机和晶体管；所用语言为汇编语言，如 FORTRAN 等；操作系统是 FMS 及 IBMSYS（IBM 为 7094 机配备的操作系统）。单道批处理系统主要用于较复杂的科学工程计算。

批处理方式的优点：实现了作业的自动过渡，改善了主机 CPU 和输入输出设备的使用效率，提高了计算机的系统处理能力。批处理方式的缺点：需要人工拆装磁带；监督程序、系统程序和用户程序之间的调用关系带来的系统保护问题；任何地方出现问题，整个系统都会出现停顿；用户程序可能会破坏监督程序等。

3. 第三代多道程序系统

20 世纪 60 年代中期至 20 世纪 70 年代中期是多道程序系统时代。

根据多道程序系统的需求，为了充分利用系统资源，提高效率，采用多道程序合理搭配交替运行。

多道程序系统计算机的特点：其硬件由集成电路构成（如 IBM System/360）；操作系统复杂、庞大（如 OS/360）。

多道程序运行即计算机内存中同时存放多道相互独立的程序，它们在宏观上并行运行但都未运行完，而在微观上串行运行，各作业轮流使用 CPU，交替执行。多道程序运行的优点是资源利用率高、系统吞吐量大，缺点是多道程序运行的平均周转时间长，无交互能力。

4. 第四代多模式系统

20 世纪 70 年代中期至 20 世纪末期是多模式系统时代。

分时系统实例：第一个分时操作系统于 1959 年在 MIT 提出，开创了多用户共享计算机资源的新时代。

实时操作系统实例：Symbian、Symbian OS（中文译音"塞班系统"）由摩托罗拉、西门子、诺基亚等几家大型移动通信设备商共同出资组建的一个合资公司开发，Symbian 操作系统在智能移动终端上拥有强大的应用程序以及通信能力。

三、操作系统的作用

操作系统有两个重要的作用，即管理员和服务员的作用。

（一）管理员作用——管理计算机系统内的各种资源

任何一个计算机系统都是由计算机硬件和软件组成的。操作系统是最基础的系统软件，它不仅是计算机系统中的一部分，同时又能反过来组织和管理整个计算机系统，充分利用各种软硬件资源，使计算机协调一致，高效地完成各种复杂的任务。

（二）服务员作用——为用户提供方便、良好的界面

从用户（用户包括计算机系统管理员、应用软件的设计人员等）的角度上看，操作系统不仅要能对系统资源进行管理，还应该能够为用户提供良好的操作界面，便于用户简单、高效地使用系统资源。

四、操作系统的性能指标

操作系统的性能指标反映了计算机系统的性能。良好的操作系统结构会提升整个操作系统的性能指标，从而充分发挥计算机系统的性能，充分利用 CPU 的处理速度和存储器的存储能力。

衡量操作系统的性能时，常采用如下一些指标。

（一）系统的 RAS

可靠性 R（Reliability）指的是系统正常工作时间的平均值，常用平均无故障时间 MTBF（Mean Time Before Failure）来衡量。

可用性 A（Availability）指的是系统在任意时刻能正常工作的概率。

可维护性 S（Serviceability）指的是从故障发生到故障修复所需要的平均时间，常用平均故障修复时间 MTRF（Mean Time Repair a Fault）来衡量。

A=MTBF/（MTBF ＋ MTRF）

（二）吞吐率

吞吐率指系统在单位时间内所处理的信息量。

（三）响应时间

响应时间指系统从接收数据到输出结果的时间间隔。

（四）资源利用率

资源利用率指系统中部件的使用速度。在给定的时间内，某一个设备实际被使用的时间占总时间的比例。

（五）可移植性

把一个操作系统从一个硬件环境转移到另一个硬件环境所需要工作量。

五、操作系统的基本特征

了解操作系统的基本特征有助于人们从更深的层次上去认识操作系统。无论哪种类型的操作系统都具有以下四个基本特征。

（一）并发（concurrence）

并发指两个或者多个事件在同一时间间隔内发生。在多道程序环境下，并发性是指在一段时间内宏观上有多个程序在同时运行，但由于单处理机系统中，每一时刻仅能有一道程序执行，故宏观上同时运行的多个程序在微观上只能是分时地交替执行。如果计算机系统中有多个处理机，那么这些并发执行的程序就可以被分配到多个处理机上，实现并行执行，即利用每个处理机来处理可并发执行程序中的一个程序，这样，多个程序便可以同时执行。

（二）共享（sharing）

并发性必定要求对系统资源进行共享。共享指的是系统内的资源可供多个并发执行的进程共同使用，操作系统程序和用户程序共同享用系统内部的各种软、硬件资源。共享的好处是可以减轻对系统资源的浪费，但也存在问题，例如，如何处理系统资源竞争的问题；如何合理地进行系统资源分配；当程序同时执行时，如何保护程序不因受到其他程序的破坏而引起混乱。

（三）虚拟（virtual）

操作系统中的虚拟，指的是通过某种技术把一个物理实体转变成逻辑上的多个实体。物理实体是实际存在的，逻辑上的多个实体是用户感觉到的，是虚拟的、非真实的。如在多道分时系统中，虽然系统只有一个 CPU，但每一个终端客户都会感觉有一个专门的 CPU 单独为自己服务。利用多道程序技术把一台物理上的 CPU 虚拟成多台逻辑上的 CPU，这样的 CPU 也称为虚拟处理机。

（四）异步性（asynchronism）

异步性也称为不确定性。不确定性并不是指操作系统本身功能的不确定，也不是说程序结果的不确定，所谓异步性是指进程以不可预知的速度向前推进。比如，当正在执行的进程提出某种资源请求时，如打印请求，而此时打印机正在为其他进程打印，由于打印机属于临界资源，因此正在执行的进程必须等待，且放弃处理机，直到打印机空闲，并再次把处理机分配给该进程时，该进程方能继续执行。可见，由于资源等因素的限制，进程的执行通常都不是"一气呵成"，而是以"停停走走"的方式运行。尽管如此，只要在操作系统中配置有完善的进程同步机制，只要运行环境相同，作业经多次运行就会获得完全相同的结果，因此，异步运行方式是允许的。

六、相关概念

①进程：是并发执行的程序在执行过程中分配和管理资源的基本单位。

②线程：是 CPU 调度的一个基本单位，是进程中的一个实体，可作为系统独立调度和分派的基本单位，本身不拥有系统资源，只有少量必不可少的资源。

③程序：用来描述计算机所要完成的独立功能，并在时间上严格地按照先后顺序相继地进行计算机操作的序列集合，是一个静态的概念。

④并行：同一时刻两个事物均处于活动状态，指两个或者多个事件同时发生。

⑤并发：宏观上存在并行特征，微观上存在顺序性，同一时刻，只有一个事物处于活动状态。比如，分时操作系统中多个程序的同时运行。

第二节　计算机操作系统的基本类型

一、批处理系统

在批处理系统中，运用多道程序设计技术形成多道批处理系统。工作流程如下：每个用户使用操作系统提供的作业控制语言来描述作业运行时的控制意图和对资源的需求，然后将程序和数据全部交给操作人员，操作人员可在任意时刻将作业交给系统：外部存储器中存放大量的后备作业，系统根据具体的调度原则从外存的后备作业中选择一些搭配合理的作业调入内存。

批处理系统的主要特征如下：

①用户脱机使用计算机。用户提交作业以后，直到获得结果之前不再和计算机打交道。作业提交的方式有两种：一种是直接提交给管理操作员；另一种是通过远程通信线路来提交。

②成批处理。操作人员把用户提交的作业进行分批处理。

③多道程序运行。根据多道程序调度原则，从一批后备作业中选择多道作业调入内存并组织它们运行。

批处理系统的优缺点如下。

优点：因为系统资源可以被多个作业共享，其工作方式是靠作业之间自动调度来执行的，并且在运行过程中用户脱机使用计算机，不干预计算机的作业，因而很大程度上提高了系统资源的利用率和作业吞吐率。

缺点：用户使用不方便，作业一旦提交，便无法干预作业的运行，即使是程序中一个很小的错误都会导致作业无法正常运行，不利于程序调试。

二、分时操作系统

虽然多道批处理系统省时高效，但不允许用户与计算机间进行交互，一旦作业被交给系统后，便无法再对该作业进行其他加工处理。分时操作系统能使用户与计算机进行交互，用户在程序运行过程中能随时进行干预，从而加快程序的调试。

分时操作系统指的是多个用户分享同一台计算机，就是把计算机系统资源在时间上进行分割，将整个工作时间分成一个个的时间段，每个时间段就是一个时间片，然后将 CPU 的工作时间分给多个用户使用，每个用户轮流使用时间片，从而达到多个用户使用一台计算机的目的。

分时操作系统具有下述特点：①交互性；②多用户同时性；③独立性。

三、实时操作系统

实时操作系统指的是能在规定的时间内响应用户提出请求的操作系统。实时系统的主要特点是随时响应、可靠性高。系统必须保证对实时信息进行分析和处理的速度比其进入系统的速度快，同时系统本身一定要安全可靠。实时操作系统对资源的利用率不高，在保证高可靠性的同时需在硬件上允许冗余。

（一）实时系统的用途

①实时控制系统：用于实现自动控制，如飞机飞行、导弹发射等。

②实时信息处理系统：用于预订机票，查询航班、航线、票价等信息。

（二）实时系统的特征

①及时性：有严格的时间限制。

②高可靠性及安全性：实时操作系统常用于对生产过程和军事的现场控制，若出现故障，后果严重。

四、通用操作系统

操作系统的三种基本类型是：批处理操作系统、分时操作系统、实时操作系统。通用操作系统是在此基础上发展出来的具有多种操作系统特征的操作系统。它同时兼有批处理、分时、实时处理及多重处理的功能。

五、个人计算机操作系统

个人计算机操作系统是一种单用户的操作系统。

六、网络操作系统

网络操作系统（Network Operating System，NOS）的主要任务是采用统一的方法管理网络中的共享资源并对任务进行处理。它具有四个方面的功能：

①网络通信；

②资源管理；

③提供多种网络服务；

④提供网络接口。

因此，我们可以将网络操作系统定义为：是建立在主机操作系统的基础上，致力于管理网络通信和网络资源，协调各个主机上任务的运行，并且向用户提供统一的、有效的网络接口的软件集合。网络操作系统是用户程序和主机操作系统间的接口，网络用户只有通过网络操作系统，才可以获得网络所提供的各种服务。

七、分布式操作系统

分布式操作系统可以定义为：将物理上分布的具有自治功能的数据处理系统或计算机系统互联起来，实现信息交换和资源共享。

分布式操作系统的特点：

①对系统中各类资源进行动态分配和管理，有效控制和协调任务的并行执行；

②允许系统中的处理单元无主、次之分；

③向系统提供统一的、有效的接口的软件集合。

第三节 计算机操作系统的功能

一、处理机管理

处理机管理的任务是对处理机进行分配，并对其运行进行有效的控制和管理。进程是在系统中能独立运行并作为资源分配的基本单位，是一个活动的实体。在多道程序环境下，处理机的分配和运行都是以进程为基本单位的，因而对处理机的管理可归结为对进程的管理。

处理机管理包括进程控制、进程调度、进程的互斥与同步及进程通信等几个方面。

二、存储管理

存储管理是指对主存储器的管理，即如何把有限的主存储器进行合理的分配，满足多个用户程序运行的需要。主存储器分为两部分：一部分是系统区，另一部分是用户区。对主存储器的管理主要是对用户区域进行管理。

存储管理的功能如下：

①内存分配和释放。若当时的情况不能满足申请要求，则让申请的进程处于等待状态，直到有足够主存空间时再分配给该进程。当某个作业返回时，系统负责收回资源，使之成为自由区域。

②存储保护。保证进程间互不干扰、相互保密，如访问合法性检查，防止非法访问者从"垃圾"中窃取其他进程的信息，保证系统程序不会被用户程序破坏。

③内存扩充。为用户提供一个内存容量比实际内存容量大得多的虚拟存储器。通过虚拟存储技术或自动覆盖技术，把辅助存储器作为主存储器的扩充部分来使用。

三、设备管理

设备管理指的是对计算机系统中除了 CPU 和内存外的所有输入、输出设备的管理。

设备管理的主要任务是对外部设备的分配、启动，以及对其故障的处理。在设备管理中，用户无须了解设备和接口的具体技术细节，可方便地对设备进行操作。设备管理的任务是提高 I/O 利用率和速度，为用户提供良好的界面，方便用户使用。为了提高设备和主机之间的并行工作能力，常需采用虚拟技术和缓冲技术。

四、信息管理

处理机管理、存储管理和设备管理都是对计算机硬件资源的管理，信息管理（文件系统管理）指的是对计算机软件资源的管理。

程序和数据统称为文件。当一个文件暂时不用时，会被存储在外部存储器（如磁带、磁盘、光盘等）中，因此，外部存储器中保存了大量的文件，如对这些文件不能进行很好的管理，就会导致混乱，甚至使文件遭受破坏，这是信息管理需要解决的问题。

信息管理的任务是对信息的共享、保密和保护。

①文件存储空间的管理：为每个文件分配必要的外存空间，提高外存的利用率（一般以盘块为基本分配单位，容量通常为 512 B ~ 4 KB）。

②目录管理：系统为每个文件建立一个目录项，目录项包含文件名、文件属性、文件在磁盘上的物理位置。用户只需要提供文件名，便可对文件进行存取。

③文件的读、写管理：读写文件时，系统根据用户给出的文件名去检索文件目录，从中获得文件在外存中的位置，然后利用文件读写指针，对文件进行读写，一旦读写完成便修改读写指针，为下一次读写做准备。

④文件的存取控制：防止未经核准的用户存取文件，防止冒名顶替存取文件，防止以不正确的方式使用文件。

五、用户接口

前面操作系统的四项功能是对系统资源的管理。除此之外，操作系统还能为用户提供友好的用户接口。

第四节 计算机进程管理与处理机调度

一、进程的概念

（一）进程的引入

由于多道程序系统带来的复杂环境，程序段具有了并发、制约、动态的特性，原来的程序概念，难以刻画系统中的情况，首先程序本身是静态的概念，其次程序概念也反映不了系统中的并发特性，为了控制和协调各程序段执行过程中的软硬件资源的共享和竞争，必须有一个可以描述各程序执行过程和共享资源的基本单位，这个单位被称为进程或任务。

（二）进程的概念

进程是并发执行的程序在执行过程中分配和管理资源的基本单位。

（三）进程和程序的区别

①进程是一个动态的概念，进程的实质是程序的一次执行过程，动态性是进程的基本特征，同时进程是有一定的生命期的；而程序只是一组有序指令的集合，本身并无运动的含义，是静态的。

②并发性是进程的重要特征，引入进程的目的正是使某个程序能和其他程序并发执行；而程序（没有建立进程）是不能并发执行的。

③进程是一个能独立运行、独立分配资源和独立调度的基本单位，凡未建立进程的程序，都不能作为一个独立的单位参加运行。

④不同的进程可以包含同一个程序，同一个程序在执行中也可以产生多个进程。

（四）作业和进程的关系

作业是用户向计算机提交任务的任务实体，在用户向计算机提交作业之后，系统将它放入外存中的作业等待队列中等待执行；而进程则是完成用户任务的执行实体，是向系统申请分配资源的基本单位。一个作业可由多个进程组成，且必须至少由一个进程组成，作业的概念主要用在批处理系统中，而进程的概念则用在几乎所有的多道系统中。

二、进程的描述及上下文

进程的静态描述用于描述进程的存在性和反映其变化的物理实体性。进程由进程控制块、程序段、数据段组成。

①进程控制块：用于描述进程情况及控制进程运行所需的全部信息，是进程动态特性的集中反映。

②程序段：用于描述进程要完成的功能，是进程中能被进程调度程序在 CPU 上执行的程序代码段。

③数据段：可以是进程对应的程序加工处理的原始数据，也可以是程

序执行后产生的中间或最终数据，是程序执行时的工作区和操作对象。

在进程执行过程中，由于程序出错、中断或等待等原因造成的进程调度，需要知道和记忆过程已经执行到什么地方，新的进程将从何处执行，或者在调用子过程时，进程将返回什么地方继续执行，执行结果返回或存放到什么地方。因此，进程上下文指的是抽象的概念，是进程执行过程中顺序关联的静态描述。

进程上下文包含每个进程已经执行过的、正在执行的以及等待执行的指令和数据等内容。已执行过的进程指令和数据在相关寄存器与堆栈中的内容称为上文，正在执行的指令和数据在寄存器与堆栈中的内容称为正文，待执行的指令和数据在寄存器与堆栈中的内容称为下文。

三、进程的状态及其转换

进程在并发执行的过程中，由于资源的共享与竞争，可能处于执行状态，也有可能因等待某事件的发生而处于等待状态。当处于等待状态的进程被唤醒时，因为不能立刻得到处理机而处于就绪状态；当一个进程刚刚被创建时，由于其他进程对处理机的占用从而得不到执行，只能处于初始状态；当进程执行结束后，执行被终止，此时的进程处于终止状态。因此，在进程的生命周期内，进程至少有五种基本状态，分别是初始状态、执行状态、等待状态、就绪状态和终止状态。

①初始状态→就绪状态

当就绪队列能够接纳新的进程时，操作系统便把处于新状态的进程移入就绪队列，此时进程由新状态转变为就绪状态。

②就绪状态→执行状态

处于就绪状态的进程，当进程调度程序为它分配了处理机后，该进程便由就绪状态变为执行状态，正在执行的进程也称为当前进程。

③执行状态→等待状态

正在执行的进程因发生某件事件而无法执行。例如，进程请求访问临界资源，而该资源正被其他进程访问，则请求该资源的进程将由执行状态转变为等待状态。

④执行状态→就绪状态

正在执行的进程，如果因事件发生或中断而被暂停执行，该进程便由执行状态转变为就绪状态。例如，分时系统中，时间片用完；抢占调度方式中，优先权高的进程抢占处理机。

⑤等待状态→就绪状态

I/O 完成或等待的事件发生。

⑥执行状态→终止状态

当一个进程因完成或发生某事件，如程序正常运行结束，或出现地址越界、非法指令等错误，而被异常结束，进程将由执行状态转变为终止状态。

四、进程间的制约关系及死锁问题

并发系统中诸进程由于资源共享、进程合作，而相互制约，又因共享资源的方式不同，而导致了两种不同的制约关系。

①间接制约关系（进程互斥）：由于共享资源而引起的，在临界区内不允许并发进程交叉执行的现象，称为由共享公有资源而造成的对并发进程执行速度的间接制约。

②直接制约关系（进程同步）：由于并发进程互相共享对方的私有资源而引起的直接制约。直接制约关系意味着系统中多个进程中发生的事件存在某种时序关系，需要相互合作，共同完成一项任务。

死锁是指计算机系统中多道程序并发执行时，两个或两个以上的进程由于竞争资源而造成的一种互相等待的现象（僵持状态），如无外力作用，这些进程将永远不能再向前推进运行。陷入死锁状态的进程称为死锁进程，一旦进程陷入死锁，其所占用的资源或者需要与其进行某种合作的其他进程就会相继陷入死锁，最终可能导致整个系统处于瘫痪状态。

（一）产生死锁的原因有两个

①竞争资源：当系统中供多个进程所共享的资源，不足以同时满足它们的需求时，就会引起它们对资源的竞争从而产生死锁。

②进程推进顺序不当：进程在运行过程中，请求和释放资源的顺序不当，将导致进程陷入死锁。

（二）产生死锁的必要条件有四个

①互斥条件：涉及的资源是非共享的。

②不剥夺条件：不能强行剥夺进程拥有的资源。

③请求和保持条件：进程在等待新资源的同时继续占有已分配的资源。

④环路条件：存在一种进程的循环链，链中的每一个进程已获得的资源同时被链中的下一个进程所请求。

（三）死锁的排除方法有三个

①死锁预防：设置某些限制条件，去破坏产生死锁的四个必要条件中的一个或多个，来防止死锁。

②死锁避免：事先不采取限制以破坏产生死锁的条件，而是在资源的动态分配过程中，用某种方法去防止系统进入不安全状态（不存在可满足所有进程正常运行的资源调度顺序，则称该状态为不安全状态），从而避免死锁的发生。

③死锁的检测与恢复：死锁的检测是指确定是否存在环路等待现象，死锁的恢复是与死锁的检测相配套的一种措施，用于将进程从死锁状态下解脱出来。

五、线程的概念

线程是进程的一部分，是进程中的一个实体，是被系统独立调度和分派任务的基本单位。线程自己基本不拥有系统资源，只拥有少量且必不可少的资源。一个线程可以创建和撤销另一个线程，同一进程中的多个线程之间可以并发执行。

线程和进程的关系：线程是进程的一部分，进程拥有完整的虚拟地址空间，线程没有自己的地址空间，它和其他线程一起共享该进程的所有资源。

六、分级调度

（一）作业的状态及其转换

作业是用户要求计算机所做的关于一次业务处理的全部工作，它包括作业的提交、执行、输出等过程。从用户提交作业到作业占用处理机被执行完毕，要由系统经过多级调度才能实现。

一个作业从提交给系统到执行完毕退出系统，一般要经历提交、收容、运行和完成四个状态。

①提交状态。将一个作业从输入设备移交到外部存储设备的过程称为提交状态。

②后备状态（收容状态）。输入管理系统不断地将作业输入外存对应

的部分（或称输入井），如果一个作业的全部信息已被输入到输入井，在它还没有被调度去执行前，该作业处于后备状态。

③运行状态。作业被作业调度程序选中后，送入主存中投入运行的过程称为运行状态。

④完成状态。作业运行完毕，但它所占用的资源尚未被系统全部回收时，该作业处于完成状态。

（二）调度的层次

1. 作业调度

作业调度又称为宏观调度或高级调度。其主要任务是按一定原则对外存的大量后备作业进行选择调入内存，并为它们创建进程，分配必要的资源，再将新创建的进程排在就绪队列上，准备执行。一般在批处理系统中有作业调度。

2. 交换调度

交换调度又称为中级调度。其涉及进程在内外存间的交换，从存储器资源管理的角度来看，把进程的部分或全部换出到外存上，可为当前运行进程的执行提供所需内存空间，将当前进程所需部分换入内存。指令和数据必须在内存里才能被处理机直接访问。引入中级调度的目的是提高内存的利用率和系统吞吐量。

3. 进程调度

进程调度又称微观调度或低级调度，用来决定就绪队列中的哪个进程应获得处理机，再由分派程序执行把处理机分配给该进程的具体操作。低级调度由每秒可操作多次处理机调度程序执行，处理机调度程序应常驻内存。

七、作业调度

（一）作业调度功能

①记录系统中各作业的情况。

②按某种算法从后备队列中挑选一个或一批作业调入内存，让它们投入执行。

③为被选中的作业做好执行前的准备工作。

④在作业执行结束的时候做好善后处理工作。

（二）作业调度目标与性能衡量

1. 调度目标

①对全部作业应该是公平合理的。

②使设备有高的利用率。

③单位时间内执行尽可能多的作业。

④有快的响应时间。

2. 性能衡量

（1）周转时间：作业 i 从提交时刻 T_1 到完成时刻 T_2 称为作业的周转时间。

周转时间为

$$T_i = T_1 - T_2$$

平均周转时间为

$$1/n\sum_{i-1}^{n} T_i$$

作业的周转时间包括两部分：等待时间（作业从后备状态转换到执行状态的等待时间）和执行时间，因此

周转时间 = 等待时间＋执行时间

（2）带权周转时间：带权周转时间是作业周转时间与作业执行时间的比值。

带权周转时间为

$$W_i = 周转时间 / 执行时间$$

平均带权周转时间为

$$W = 1/n\sum_{i-1}^{n} W_i$$

八、进程调度及调度算法

（一）进程调度的功能

①记录系统中全部进程的执行情况。

②选择占用处理机的进程。

③进行进程上下文切换。

（二）进程调度的两种方式

①非抢占式（non-preemptive mode）：分派程序一旦把处理机分配给某进程后便让它一直运行下去，直到进程完成或发生某事件而阻塞时，才把处理机分配给另一个进程。

②抢占方式（preemptive mode）：当一个进程正在运行时，系统可以基于某种原则，剥夺已分配给它的处理机，将之分配给其他进程。

（三）几种具有代表性的调度算法

1. 先来先服务调度算法

先来先服务调度算法（FCFS）是最普遍和最简单的一种方法。用户作业和就绪进程按照被提交的顺序或其变为就绪状态的先后顺序排成队列，按先来先服务的方式对其进行调度处理，它优先考虑在系统中等待时间最长的作业，而不管该作业要求运行时间的长短。

2. 时间片轮转法

时间片轮转法把 CPU 划分成若干时间片。将系统中所有的就绪进程按照 FCFS 原则排成一个队列，每次调度时将 CPU 分派给队首进程，让其执行一个时间片。时间片的长度从几毫秒到几百毫秒。在一个时间片结束时，发生时钟中断。调度程序据此暂停当前进程的执行，将其送到就绪队列的末尾，并通过上下文切换执行当前的队首进程。进程可以在未使用完一个时间片时就出让 CPU。

3. 优先级法

系统或用户按照某种原则为作业或者进程指定一个优先级，该优先级用来表示作业或进程享有的调度优先权。该算法的核心部分是确定作业或进程的优先级。

4. 最短作业优先法

最短作业优先法是对 FCFS 算法的改进，其目标是减少平均周转时间。对预计执行时间短的作业（进程）优先分派处理机，通常后来的短作业不抢占正在执行的作业所占用的处理机。

5. 高响应比优先调度算法

响应比载体 =1 +（作业等待时间 / 作业执行时间），选出响应比最高作业投入执行。此调度算法对先来先服务算法和最短作业优先法综合平衡。

如作业等待时间相同，则执行时间越短，响应比越高，有利于短作业。对于长作业，随着等待时间的增加，响应比增高，最后同样可获得处理机。如作业执行时间相同，则等待时间越长，响应比越高，实现的是先来先服务。

第五节　存储管理与设备管理

一、存储管理的功能

（一）内存的分配和回收

存储管理的一个主要功能就是实现内存的分配和回收。其完成的主要任务是，当多个进程同时进入内存时，怎样合理分配内存空间，并区别哪些区域是已分配的，哪些区域是未分配的，以及按什么策略和算法进行分配才能够使得内存空间得到充分利用。当一个作业撤离或执行完后，系统必须收回它所占用的内存空间。

（二）内存空间的共享

在多道程序设计的系统中，同时进入主存储器执行的作业可能要调用相同的程序或数据。例如，调用编译程序进行编译，将该编译程序存放在某个区域中，各作业要调用该程序时就访问这个区域，因此这个区域是共享的。

（三）存储保护

保证各作业都在自己所属的存储区内操作，必须保证它们之间不能相互干扰、相互冲突和相互破坏，特别要防止破坏系统程序。常用的内存信息的保护方法有硬件法、软件法和软硬件结合三种。

（四）地址变换

用户在程序中使用的是逻辑地址，而处理器执行程序时是按物理地址来访问内存的。

（五）内存地址的扩充

为了使程序员在编程时不受内存结构和容量的限制，系统为用户构造了一种虚拟存储器。虚拟存储器的思想是把辅助存储器作为对主存储器的扩充，向用户提供一个比实际主存储器大得多的逻辑地址空间。为了给大作业用户提供方便，使他们摆脱主存和辅存的分配和管理问题，由操作系统把多级存储器统一管理起来，实现自动覆盖，即一个大作业在执行时，其一部分存放在主存储器中，另一部分存放在辅存储器中。从效果来看，这样的系统好像给用户提供了存储容量比实际主存大得多的存储器，人们称这样的存储器为虚拟存储器。

二、分区存储管理

分区存储管理是为满足多道程序设计的一种较简单的存储方式。它指的是把内存划分成若干个大小不相同的区域，操作系统占用其中一个区域，其他部分由并发执行的进程所共享。

分区存储管理的原理是给每一个进程划分一块大小适当的存储区，用来连续存放进程中的程序和数据，使各进程并发执行。它有两种分区管理方法：固定分区和动态分区。

（一）固定分区

固定分区就是把内存划分为若干个分区，每个分区的地址是连续的，分区的大小和分区的总数由计算机的操作人员或者由操作系统在启动时给出，一旦确定，在系统运行的过程中，每个分区的大小和分区总数都固定不变。

分区说明表用于对内存的管理和控制。分区说明表内容包括各分区号、起始地址、分区大小和分区状态（是否为空闲区）。分区说明表还用来表示内存的分配和释放、地址变换及存储保护等。

（二）动态分区

动态分区是指在系统运行的过程中建立分区，使分区的大小刚好与作业的大小相等。这种存储管理的方法解决了固定分区严重浪费内存的问题，是一种较为实用的存储管理方法。

三、覆盖与交换技术

覆盖与交换技术是用来扩充内存的两种方法。

（一）覆盖技术

覆盖技术的目标是在较小的可用内存中运行较大的程序，常用于多道程序系统，与分区存储管理配合使用。基本思想是不需要一开始就把一个程序的全部指令和数据都存入内存中，而是选择程序中的几个代码段或数据段，按照时间先后顺序来占用公共的内存空间。将程序必要部分（常用功能）

的代码和数据常驻内存，使程序可选部分（不常用功能）在其他程序模块中实现，这部分平时存放在外存（覆盖文件）中，在需要用到时才装入内存。

（二）交换技术

当多个程序并发执行时，可以将暂时不能执行的程序送到外存，从而获得空闲的内存空间来装入新程序，或读入保存在外存中且目前处于就绪状态的进程。交换技术的原理是暂停执行内存中的进程，将整个进程的地址空间保存到外存的交换区中，而将外存中由阻塞变为就绪的进程的地址空间读入内存中，并将该进程送到就绪队列中。

四、页式管理的基本原理

页式管理的提出弥补了分区管理的缺点，如分区管理存在严重的碎片问题，从而导致内存的利用率不高。页式管理的出发点是提高内存利用率，将逻辑空间和物理空间划分为一系列大小相同的块，解决分区管理产生的碎片问题。页式管理只在内存中存放那些反复执行或即将执行的程序段与数据部分，而把那些不经常执行的程序段和数据存放在外存，待需要执行时再调入内存。

页式管理的基本原理如下：

①将一个进程的逻辑地址空间（虚拟空间）划分成若干个大小相等的片，称为页面或页，并为各页进行编号。

②同样，将内存空间分成与页面相同大小的若干个存储块，称为片或页面。

③在为进程分配内存时，以块为单位将进程中的若干个页分别装入多个可以不相邻接的物理块中。

④系统为作业建立一个页号与块号的对照表，称为页表。页表信息包括页号（登记程序地址空间的页号）、块号（登记相应的页所对应的内存块号）、其他（登记与存储信息保护有关的信息）。

五、段式与段页式管理

（一）段式管理的基本思想

一个用户程序往往由几个程序段（主程序、子程序和函数）所组成，当一个程序装入内存时，按段进行分配，每一段在逻辑上都是完整的，因此每一段都是一组逻辑信息，有自己的名字，且都有一段连续的地址空间。各段之间可以离散存放。段式管理以段为单位进行内存的分配，把进程的虚拟地址空间设计成一个二维结构，包括段号和相对地址。段号与段号之间没有顺序关系，每段的长度是不固定的。

（二）段页式管理的基本思想

段页式管理结合了页式、段式的优点，并克服了二者的缺点。在段式系统中，若段内分页，则称为段页式系统。在段页式存储管理中每个作业仍按逻辑分段，但每一段不是被视作单一的连续整体存放到存储器中，而是把每个段再分成若干个页面，每一段不必占据连续的主存空间，而是可以把它按页存放在不连续的主存块中。对用户来讲，按段的逻辑关系划分每一段；对系统来讲，按页划分每一段。

1. 虚地址的构成

逻辑地址结构是由段号、页号及页内地址三部分组成的。

2. 段表和页表

由于每个段都要分页存储，因此要为每个段设置一个页表。

①段表：系统为每个作业建立一张段表，记录每一段的页表始址和页表长度。

②页表：系统为每个段建立一张页表，记录逻辑页号与内存块号的对应关系（每一段程序有一个页表，一个程序可能有多个页表）

3. 段页式存储管理的内存访问

段页式系统中，为了获取一条指令或数据，需 3 次访问内存。

①第 1 次是访问内存中的段表，从中取得页表始址。

②第 2 次是访问内存中的页表，从中取得物理块号，并将该块号与页内地址一起形成指令或数据的物理地址。

③第 3 次访问才是从第 2 次访问的地址中取得指令和数据。

六、分段与分页技术的比较

①段是信息的逻辑单位，它是根据用户的需要来划分的，因此段对用户是可见的；页是信息的物理单位，是为了方便管理主存而划分的，它对用户是透明的。

②页的大小固定不变，由系统决定；段的大小是不固定的，由其完成

的功能决定。

③段向用户提供的是二维地址空间，而页向用户提供的是一维地址空间，其页号（页号等于逻辑地址 DIV 页面大小）和页内偏移（页内偏移量等于逻辑地址 MOD 页面大小）是机器硬件的性能。

④由于段是信息的逻辑单位，因此便于存储保护和信息共享；而页的保护和共享受到限制。

七、设备分类及管理的功能

（一）设备的类别

除 CPU 和内存以外的硬件设备称作外部设备。外部设备的作用是提供计算机和其他机器之间，以及计算机与用户之间的联系。

按照设备的使用特性进行分类，外部设备可分为存储设备（如磁带，磁盘和光盘等）、输入输出设备（如打印机、键盘、显示器等）、终端设备（如通用终端设备、专用终端设备）、脱机设备。按照设备的从属关系可将其分为系统设备和用户设备。

（二）设备管理的功能和任务

①提供与进程管理系统之间的接口。

②进行设备分配和回收。

③实现设备和设备、设备和 CPU 等之间的并行操作。

④进行缓冲区的分配、释放及有关管理工作。

⑤控制设备和内存或 CPU 之间的数据传送。

八、数据传输控制方式及中断

对设备和内存或 CPU 之间的数据传输控制是设备管理的主要任务之一。按照 I/O 数据传输控制能力的强弱程度，以及 CPU 与外设并行处理程度的不同，通常将外围设备和内存之间数据传输控制方式分为四类。

①程序直接控制方式。程序直接控制方式是由用户进程来直接控制内存或 CPU 与外围设备之间的信息传输。该方式的控制者是用户进程。

②中断控制方式。中断控制方式利用中断信号，不需要 CPU 管理 I/O 过程。

③直接存储器访问方式（Direct Memory Access，DMA），在外存设备

与内存之间开辟直接的数据交换通路。

④通道方式。通道方式与 DMA 方式类似，也是以内存为中心，实现外部设备与内存之间的直接数据交换。不同的是通道方式中不是由 CPU 来进行控制，而是由通道方式来控制数据交换，使 CPU 从 I/O 事务中解脱出来。

在设备管理中，为了实现系统的高并行性运行，中断是一种不可缺少的支撑技术。中断主要指计算机在执行程序期间，系统内发生了非寻常或非预期的急需处理事件，使得 CPU 暂时中断当前正在执行的程序而去执行相应的事件处理程序，待处理完毕后又返回原来的中断处继续执行或调度新的进程去执行的过程。

第三章 计算机进程管理的运用

第一节 计算机进程的基本概念

一、程序的顺序执行及特征

进程作为资源分配和独立运行的基本单位，是操作系统中最基本、最重要的概念。进程是为了刻画系统内部的动态状况，描述运行程序的活动规律而引入的新概念，所有多道程序设计的操作系统都建立在进程的基础上，此外由于操作系统的异步性，进程在并发时可能会产生很多问题，因此，研究进程以及与进程关联的管理控制极其重要。

在单道程序设计操作系统中，程序的执行方式是顺序执行，即必须在一个程序执行完后，才允许另一个程序执行；在多道程序环境下，则允许多个程序并发执行。程序的这两种执行方式间有着显著的不同。也正是由于程序的并发执行才在操作系统中引入了进程的概念。下面，将简单介绍程序的顺序执行和并发执行方式。

（一）程序的顺序执行

程序是实现算法的操作（指令）序列，程序执行的顺序性是指其在处理器上的执行严格有序，即只有在前一个操作结束后，才能开始后续操作，这称为程序内部的顺序性；如果完成一个任务需要若干不同程序，则这些程序也按照调用次序严格有序执行，这称为程序外部的顺序性。例如，在进行计算时，总需要先输入用户的程序和数据，然后进行计算，最后才能打印计算结果。用节点代表各程序段的操作（用圆圈表示），I 代表输入操作，C 代表计算操作，P 为打印操作，用箭头指示操作的先后次序。对一个程序段中的多条语句来说，也有一个执行顺序问题，例如对于下述三条语句程序段：

S1：a=x + y

S2：b=a + 3

S3：c=b + 4

其中，语句 S2 必须在语句 S1 之后才能执行（即被赋值）；同样，语句 S3 也只能在 b 被赋值后才能执行。

（二）程序顺序执行时的特征

①顺序性。处理机的操作严格按照程序所规定的顺序执行，即每一操作必须在上一个操作结束之后开始。

②封闭性。运行程序独占全机资源，资源的状态只能由此程序本身决定和改变，不受外界因素影响。

③结果的确定性。程序在执行过程中允许出现中断，但这种中断不会对程序的最终结果产生影响，也就是说程序的执行结果与它的执行速度无关。

④可再现性。只要程序执行时的环境和初始条件相同，当程序重复执行时，不论它是从头到尾不停顿地执行，还是"停停走走"地执行，都将获得相同的结果。程序顺序执行时的特性，为程序员检测和校正程序的错误带来了很大的方便。

二、程序的并发执行及特征

（一）程序的并发执行

输入程序、计算程序和打印程序三者之间，存在 $I_i \rightarrow C_i \rightarrow P_i$ 这样的前趋关系，以至对一个作业的输入、计算和打印三个操作，必须顺序执行，但并不存在 $P_i \rightarrow I_{i+1}$ 的关系，因而在对一批程序进行处理时，可使它们并发执行。例如，输入程序在输入第一个程序后，在计算程序对该程序进行计算的同时，可由输入程序再输入第二个程序，从而使第一个程序的计算操作可与第二个程序的输入操作并发执行。一般地，输入程序在输入第 i+1 个程序时，计算程序可能正在对第 i 个程序进行计算，而打印程序正在打印第 i-1 个程序的计算结果。

在该例中存在下述前趋关系：$I_i \rightarrow C_i$，$I_i \rightarrow I_{i+1}$，$C_i \rightarrow P_i$，$C_i \rightarrow C_{i+1}$，$P_i \rightarrow P_{i+1}$，而 I_{i+1} 和 C_i 及 P_{i+1} 是重叠的，亦即在 P_{i+1} 和 C_i 以及 I_{i+1} 之间，可以并发执行。对于具有下述四条语句的程序段：

S1：a=x + 2

S2：b=y + 4

S3：c=z + 2

S4：d=a + b + c

S5：e=d + a

可以看出：S4 必须在 a，b 和 c 被赋值后方能执行；S5 必须在 S4 之后执行；但 S1，S2 和 S3 则可以并发执行，因为它们彼此互不依赖。

（二）程序并发执行时的特征

程序的并发执行，虽然提高了系统吞吐量，但也产生了与程序顺序执行时不同的特征。

①间断性。程序在并发执行时，共享 CPU 资源，由于操作系统的异步性使并发程序具有"执行——暂停——执行"这种间断性的活动规律。

②失去封闭性。程序在并发执行时，是多个程序共享系统中的各种资源，因而这些资源的状态将由多个程序来改变，致使程序的运行失去封闭性。这样，某程序在执行时，必然会受到其他程序的影响。

③不可再现性。程序在并发执行时，由于失去了封闭性，也将导致其再失去可再现性。

程序在并发执行时，由于失去了封闭性，其计算结果已与并发程序的执行速度有关，从而使程序的执行失去了可再现性，亦即程序经过多次执行后，虽然它们执行时的环境和初始条件相同，但得到的结果却各不相同。

三、进程的定义及描述

（一）进程的定义

在多道程序环境下，程序的执行属于并发执行，此时它们将失去其封闭性，并具有间断性及不可再现性的特征，因此，人们引入了"进程"的概念。进程是操作系统中最基本、最重要的概念，它是为了刻画系统内部的动态状况，描述运行程序的活动规律而引进的新概念。曾有许多人从不同的角度对进程下过定义，其中较典型的进程定义有：

①进程是程序的一次执行。

②进程是一个程序及其数据在处理机上顺序执行时所发生的活动。

③进程是程序在一个数据集合上运行的过程，它是系统进行资源分配

和调度的一个独立单位。

在引入了进程实体的概念后，可以把传统 OS 中的进程定义为："进程是进程实体的运行过程，是系统进行资源分配和调度的一个独立单位。"进程具有以下属性：

①结构特征。进程包含数据集合和运行于其上的程序，它至少由程序块、数据块和进程控制块等要素组成。

②动态性。进程是程序在数据集合上的一次执行过程，是动态的概念。同时，进程有生命周期，由创建而产生，由调度而执行，由事件而等待，由撤销而消亡，而程序则只是一组有序指令的集合，并存放于某种介质上，其本身并不具有运动的含义，因而是静态的。

③并发性。这是指多个进程实体同存于内存中，且能在一段时间内同时运行。并发性是进程的重要特征，同时也成为 OS 的重要特征。引入进程的目的也是使其进程实体能和其他进程实体并发执行，而程序（没有建立PCB）是不能并发执行的。

④独立性。在传统的 OS 中，独立性指进程实体是一个能独立运行、独立分配资源和独立接受调度的基本单位。凡未建立 PCB 的程序都不能作为一个独立的单位参与运行。

⑤异步性。异步性也称随机性，是指进程按各自独立的不可预知的速度向前推进，或者说进程实体是按异步方式运行。

（二）进程的描述——进程映像

进程的活动包括占有处理器执行程序以及对相关的数据进行操作，因而程序和数据是进程必需的组成部分，两者刻画进程的静态特征。还需要数据结构来刻画进程的动态特征，描述进程状态、占用资源状况、调度信息等，通常使用一种称为进程控制块的数据结构。由于进程的状态在不断发生变化，某时刻进程的内容及其状态集合称为进程映像，包括以下要素。

①进程控制块。每个进程捆绑一个控制块，用来存储进程的标志信息、现场信息和控制信息。进程创建时建立进程控制块，进程撤销时收回进程控制块，它与进程一一对应。

②进程程序块。进程程序块是被执行的程序，规定进程的一次运行所应完成的功能。每个进程有且仅有一个进程控制块，或称进程描述符，它是

进程存在的唯一标识，是操作系统用来记录和刻画进程状态及有关信息的数据结构，也是操作系统掌握进程的唯一资料结构和管理进程的主要依据。

③进程核心栈。每个进程捆绑一个核心栈，进程在核心态工作时使用，用来保护中断/异常现场，保存函数调用的参数和返回地址等。

④进程数据块。进程数据块是进程的私有地址空间，存放各种私有数据，用户栈也要在数据块中开辟，用于在函数调用时存放栈帧、局部变量等参数。

第二节 进程状态与进程控制

一、进程状态及其转换

进程执行时的间断性决定了进程可能具有多种状态，对进程状态一般刻画为三态模型或五态模型。

（一）三态模型

按进程在执行过程中的不同情况至少要定义三种最基本的进程状态：

①执行（running）态。进程占有处理器正在运行。在单处理机系统中，只有一个进程处于执行状态；在多处理机系统中，有多个进程处于执行状态。

②就绪（ready）态。进程具备运行条件，等待系统分配处理器以便运行。在一个系统中处于就绪状态的进程可能有多个，通常将它们排成一个队列，称为就绪队列。

③阻塞（blocked）态。又称为等待（wait）态或睡眠（sleep）态，指正在执行的进程由于发生某事件而无法继续执行时，便放弃处理机而处于暂停状态，即进程的执行受到阻塞，把这种暂停状态称为阻塞状态。使进程阻塞的典型事件有请求 I/O、申请缓冲空间等。通常将这种处于阻塞状态的进程排成一个队列。有的系统则根据阻塞原因的不同而把处于阻塞状态的进程排成多个队列。

通常，一个进程在创建后将处于就绪状态。每个进程在执行过程中，任一时刻当且仅当处于上述三种状态之一。同时，在一个进程执行过程中，它的状态将会发生改变。

处于执行态的进程会因出现阻塞事件而进入阻塞态，当阻塞事件完成后，阻塞态进程转入就绪态，处理器调度将引发执行态和就绪态进程之间的切换。引起进程状态转换的具体原因有：

①执行态→阻塞态。因发生某事件而使进程的执行受阻，如进程请求访问某临界资源，而该资源正被其他进程访问时，使之无法继续执行，该进程将由执行状态转变为阻塞状态。

②阻塞态→就绪态。资源得到满足或某事件已经发生。

③执行态→就绪态。运行时间片到，或出现更高优先权进程。

④就绪态→执行态。CPU 空闲时被调度选中一个就绪进程执行。

（二）五态模型

在很多系统中，在三态模型的基础上会增加两个进程状态：创建态和终止态。

引入创建态和终止态对于进程管理来说是非常有用的。创建态对应于进程刚刚被创建的状态，创建一个进程要通过两个步骤：首先是为一个新进程创建必要的管理信息，其次让该进程进入就绪态。此时进程将处于创建态，它并没有被提交执行，而是在等待操作系统完成创建进程的必要操作。必须指出的是，操作系统有时将根据系统性能或主存容量的限制推迟创建态进程的提交。

类似地，进程的终止也要通过两个步骤：首先是等待操作系统进行善后；其次退出主存。当一个进程到达自然结束点，或是出现了无法克服的错误，或是被操作系统所终结，或是被其他有终止权的进程所终结，它将进入终止态。进入终止态的进程以后不再执行，但依然保留在操作系统中等待善后。一旦其他进程完成了对终止态进程的信息抽取，操作系统将删除该进程。引起进程状态转换的具体原因如下：

① NULL →创建态。一个新进程产生时，该进程处于创建状态。

②创建态→就绪态。当操作系统完成了进程创建的必要操作，并且当前系统的性能和内存的容量均允许。

③执行态→终止态。当一个进程到达自然结束点，或是出现了无法克服的错误，或是被操作系统所终结，或是被其他有终止权的进程所终结。

④终止态→ NULL。完成善后操作。

⑤就绪态→终止态。未在状态转换进程中显示，但某些操作系统允许父进程终结子进程。

⑥阻塞态→终止态。未在状态转换进程中显示，但某些操作系统允许父进程终结子进程。

（三）具有挂起功能系统的进程状态及其转换

1. 引入挂起状态的原因

在不少系统中进程只有上述五种状态，但在另一些系统中，又增加了一些新状态，最重要的是挂起状态。引入挂起状态的原因有：

①终端用户的请求。当终端用户在自己的程序运行期间发现有可疑问题时，希望暂时使自己的程序静止下来。亦即使正在执行的进程暂停执行；若此时用户进程正处于就绪状态而未执行，则该进程暂不接受调度，以便用户研究其执行情况或对程序进行修改。把这种静止状态称为挂起状态。

②父进程请求。有时父进程希望挂起自己的某个子进程，以便考查和修改该子进程，或者协调各子进程间的活动。

③负荷调节的需要。当实时系统中的工作负荷较重，已可能影响对实时任务的控制时，可由系统把一些不重要的进程挂起，保证系统能正常运行。

④操作系统的需要。操作系统有时希望挂起某些进程，以便检查运行中的资源使用情况或进行记账。

2. 具有挂起功能的进程状态转换

在引入挂起状态后，又将增加从挂起状态到非挂起状态的转换；或者相反。可有以下几种情况：

①阻塞态→挂起阻塞态。如果当前不存在就绪进程，那么至少有一个阻塞态进程将被对换出去成为挂起阻塞态。操作系统根据当前资源状况和性能要求，可以决定把阻塞态进程对换出去成为挂起阻塞态。

②挂起阻塞态→挂起就绪态。引起进程等待的事件发生之后，相应的挂起阻塞态进程将转换为挂起就绪态。

③挂起就绪态→就绪态。当内存中没有就绪态进程，或者挂起就绪态进程具有比就绪态进程更高的优先级，系统将把挂起就绪态进程调回主存并转换成就绪态。

④就绪态→挂起就绪态。操作系统根据当前资源状况和性能要求，也可以决定把就绪态进程对换出去成为挂起就绪态。

⑤挂起阻塞态→阻塞态。当一个进程等待一个事件时，原则上不需要

把它调入内存。但是在下面一种情况下，这一状态变化是可能的。当一个进程退出后，主存已经有了足够的自由空间，而某个挂起等待态进程具有较高的优先级并且操作系统已经得知导致它阻塞的事件即将结束，便可能发生这一状态。

二、进程控制块

为了描述和控制进程的运行，系统为每个进程定义了一个数据结构——进程控制块（Process Control Block，PCB），它是进程实体的一部分，是操作系统中最重要的记录型数据结构。PCB中记录了操作系统所需的、用于描述进程的当前情况以及控制进程运行的全部信息。PCB的作用是使一个在多道程序环境下不能独立运行的程序（含数据），成为一个能独立运行的基本单位，一个能与其他进程并发执行的进程。或者说，OS是根据PCB来对并发执行的进程进行控制和管理的。例如，当OS要调度某进程执行时，要从该进程的PCB中查出其现行状态及优先级；在调度到某进程后，要根据其PCB中所保存的处理机状态信息，设置该进程恢复运行的现场，并根据其PCB中的程序和数据的内存始址，找到其程序和数据；进程在执行过程中，当需要与合作的进程实现同步、通信或访问文件时，也都需要访问PCB；当进程由于某种原因而暂停执行时，又须将其断点的处理机环境保存在PCB中。可见，在进程的整个生命期中，系统总是通过PCB对进程进行控制的，亦即系统是根据进程的PCB感知到该进程的存在的。所以说，PCB是进程存在的唯一标志。

当系统创建一个新进程时，就为它建立了一个PCB；进程结束时又回收其PCB，进程也随之消亡。PCB可以被操作系统中的多个模块读取或修改，如被调度程序、资源分配程序、中断处理程序以及监督和分析程序等读取或修改。因为PCB经常被系统访问，尤其是被运行频率很高的进程及分派程序访问，故PCB应常驻内存。系统将所有的PCB组织成若干个链表(或队列)，存放在操作系统中专门开辟的PCB区内。例如在Linux系统中用taskstruct数据结构来描述每个进程的PCB，在Windows操作系统中则使用一个执行体进程块（eprocess）来表示进程对象的基本属性。

（一）进程控制块中的信息

1.标识信息

标识信息用于唯一地标识一个进程，分为用户使用的外部标识符和系统使用的内部标识号。系统中的所有进程都被赋予唯一的、内部使用的数值型进程号，它通常是一个进程的序号。设置内部标识符主要是为了方便系统使用；外部标识符由创建者提供，通常由字母、数字组成，往往是用户（进程）在访问该进程时使用。为了描述进程的家族关系，还应设置父进程标识、子进程标识。此外还可设置用户标识，以指示拥有该进程的用户。

2.现场信息

现场信息用于保留进程在运行时存放在处理器现场中的各种信息。进程在让出处理器时，必须将此时的现场信息保存到它的 PCB 中，而当此进程恢复运行时也应恢复处理器现场。现场信息包括：通用寄存器内容、指令计数器（其中存放了要访问的下一条指令的地址）、程序状态字（其中含有状态信息，如条件码、执行方式、中断屏蔽标志等）、用户栈指针（指每个用户进程都有一个或若干个与之相关的系统栈，用于存放过程和系统调用参数及调用地址，栈指针指向该栈的栈顶）。

3.调度信息

PCB 中还存放一些与进程调度和进程对换有关的信息，包括进程状态、进程优先级、进程调度所需的其他信息以及进程由执行状态转变为阻塞状态所等待发生的事件。

4.控制信息

控制信息用于管理和调度进程，包括：①进程调度的相关信息，如进程状态、等待事件和等待原因、进程优先级、队列指针等；②进程组成信息，如正文段指针、数据段指针；③进程之间的族系信息，如指向父/子/兄弟进程的指针；④进程间通信信息，如消息队列指针、所使用的信号量和锁；⑤进程段/页表指针、进程映像在辅助存储器中的地址；⑥CPU 的占有和使用信息，如时间片剩余量，已占用 CPU 时间，进程已执行时间总和，定时器信息，记账信息；⑦进程特权信息，如主存访问权限和处理器特权；⑧资源清单，如进程所需的全部资源，已经分得的资源，比如主存、设备、打开文件表等。

（二）进程控制块的组织方式

在一个系统中，通常可拥有数十个、数百个乃至数千个 PCB。为了能对它们加以有效的管理，应该用适当的方式将这些 PCB 组织起来。目前常用的组织方式有以下两种。

1. 链接方式

这是把具有同一状态的 PCB，用其中的链接字链接成一个队列。这样，可以形成就绪队列、若干个阻塞队列和空白队列等。对其中的就绪队列常按进程优先级的高低排列，把优先级高的进程的 PCB 排在队列前面。此外，也可根据阻塞原因的不同，把处于阻塞状态的进程的 PCB 排成等待 I/O 操作完成的队列和等待分配内存的队列等。

2. 索引方式

系统根据所有进程的状态建立几张索引表，如就绪索引表、阻塞索引表等，并把各索引表在内存的首地址记录在内存的一些专用单元中。在每个索引表的表目中，记录具有相应状态的某个 PCB 在 PCB 表中的地址。

三、进程控制

进程管理中对进程的控制是最基本的功能。其控制包括：创建一个新进程，终止一个已完成的进程，或终止一个因出现某事件而使其无法运行下去的进程，还可负责进程运行中的状态转换。如当一个正在执行的进程因等待某事件而暂时不能继续执行时，将其转换为阻塞态，而当该进程所期待的事件出现时，又将该进程转换为就绪态等。进程控制一般是由操作系统内核中的原语来实现的。

原语（primitive）是在管态下执行、由若干条指令组成的，用于完成一定功能的一个过程。原语和机器指令类似，其特点是执行过程中不允许被中断，是一个不可分割的基本单位，原语在管态下执行，常驻内存，原语的执行是顺序的而不可能是并发的。系统对进程的控制如不使用原语，就会造成其状态的不确定性，从而达不到进程控制的目的。

（一）进程的创建

1. 引起进程创建的事件

在多道程序环境中，只有（作为）进程（时）才能在系统中运行。因此，为使程序能运行，就必须为它创建进程。导致一个进程去创建另一个进程的典型事件，可有以下四类：

（1）作业调度

在批处理系统中，当作业调度程序按一定的算法调度到某作业时，便将该作业装入内存，为它分配必要的资源，并立即为它创建进程，再插入就绪队列中。

（2）用户登录

在分时系统中，用户在终端键入登录命令后，如果是合法用户，系统将为该终端建立一个进程，并将它插入就绪队列中。

（3）提供服务

当运行中的用户程序提出某种请求后，系统将专门创建一个进程来提供用户所需要的服务，例如，用户程序要求进行文件打印，操作系统将为它创建一个打印进程，这样，不仅可使打印进程与该用户进程并发执行，而且还便于计算出为完成打印任务所花费的时间。

（4）应用请求

上述三种情况，都是由系统内核为程序创建一个新进程，而这类事件则是基于应用进程的需求，由它自己创建一个新进程，以便使新进程以并发运行方式完成特定任务。例如，某应用程序需要不断地从键盘终端输入数据，继而又要对输入数据进行相应的处理，然后，再将处理结果以表格形式在屏幕上显示。该应用进程为使这几个操作能并发执行，以加速任务的完成，可以分别建立键盘输入进程、表格输出进程。

2. 创建过程

一旦操作系统发现了要求创建新进程的事件后，便调用进程创建原语 Create 按下述步骤创建一个新进程。

①申请空白 PCB。为新进程申请获得唯一的数字标识符，并从 PCB 集合中索取一个空白 PCB。

②为新进程分配资源。为新进程的程序和数据以及用户栈分配必要的内存空间。显然，此时操作系统必须知道新进程所需内存的大小。对于批处理作业，其大小可在用户提出创建进程要求时提供。若是为应用进程创建子进程，也应是在该进程提出创建进程的请求中给出所需内存的大小。对于交互型作业，用户可以不给出内存要求而由系统分配一定的空间。如果新进程

要共享某个已在内存的地址空间（即已装入内存的共享段），则必须建立相应的链接。

③初始化 PCB。PCB 的初始化包括：①初始化标识信息，将系统分配的标识符和父进程标识符填入新 PCB 中；②初始化处理机状态信息，使程序计数器指向程序的入口地址，使栈指针指向栈顶；③初始化处理机控制信息，将进程的状态设置为就绪状态或挂起就绪状态，对于优先级，通常是将它设置为最低优先级，除非用户以显式方式提出高优先级要求。

④将新进程插入就绪队列，如果进程就绪队列能够接纳新进程，便将新进程插入就绪队列。

（二）进程的阻塞与唤醒

1. 引起进程阻塞与唤醒的事件

（1）请求系统服务

当正在执行的进程请求操作系统提供服务时，由于某种原因，操作系统并不立即满足该进程的要求时，该进程只能转变为阻塞态来等待。

（2）启动某种操作

当进程启动某种操作后，如果该进程必须在该操作完成之后才能继续执行，则必须先使该进程阻塞，以等待该操作完成。例如，进程启动了某 I/O 设备，如果只有在 I/O 设备完成了指定的 I/O 操作任务后进程才能继续执行，则该进程在启动了 I/O 操作后，便自动进入阻塞态去等待。在 I/O 操作完成后，再由中断处理程序或中断进程将该进程唤醒。

（3）新数据尚未到达

对于相互合作的进程，如果其中一个进程需要先获得另一（合作）进程提供的数据后才能对数据进行处理，则只要其所需数据尚未到达，该进程只有（等待）阻塞。例如，有两个进程：进程 A 用于输入数据，进程 B 对输入数据进行加工。假如进程 A 尚未将数据输入完毕，则进程 B 将因没有所需的处理数据而阻塞；一旦进程 A 把数据输入完毕，便可去唤醒进程 B。

（4）无新工作可做

系统往往设置一些具有某特定功能的系统进程，每当这种进程完成任务后，便把自己阻塞起来以等待新任务到来。例如，系统中的发送进程，其主要工作是发送数据，若已有的数据已全部发送完成而又无新的发送请求，这时（发送）进程将使自己进入阻塞态；仅当又有进程提出新的发送请求时，才将发送进程唤醒。

（二）进程阻塞与唤醒过程

1. 进程阻塞的步骤

①停止进程执行，保存现场信息到 PCB。

②修改 PCB 的有关内容，如进程状态由运行改为等待等。

③把修改状态后的 PCB 加入相应等待进程队列。

④转入进程调度程序去调度其他进程运行。

2. 进程唤醒的步骤

①从相应的等待进程队列中取出 PCB。

②修改 PCB 的有关信息，如进程状态改为就绪。

③把修改后的 PCB 加入有关就绪进程队列。

（三）进程的终止

1. 引起进程终止的事件

①进程正常运行结束。

②进程执行了非法指令。

③进程在常态下执行了特权指令。

④进程运行时间超越了分配给它的最大时间配额。

⑤进程等待时间超越了所设定的最大等待时间。

⑥进程申请的内存超过了系统所能提供的最大量。

⑦越界错误。

⑧对共享内存区的非法使用。

⑨算术错误，如除零和操作数溢出。

⑩严重的输入输出故障。

⑪ 操作员或操作系统干预。

⑫ 父进程撤销其子进程。

⑬ 父进程撤销，因而其所有子进程被撤销。

⑭ 操作系统终止。

2. 进程终止过程

如果系统中发生了上述要求终止进程的某事件，OS 便调用进程终止原语，按下述过程去终止指定的进程：

①根据被终止进程的标识符，从 PCB 集合中检索出该进程的 PCB，从中读出该进程的状态。

②若被终止进程正处于执行态，应立即终止该进程的执行，并置调度标志为真，用于指示该进程被终止后应重新进行调度。

③若该进程还有子孙进程，还应将其所有子孙进程予以终止，以防它们成为不可控的进程。

④将被终止进程所拥有的全部资源或者归还给其父进程，或者归还给系统。

⑤将被终止进程（PCB）从所在队列（或链表）中移出，等待其他程序来搜集信息。

（四）进程的挂起与激活

1. 进程的挂起

挂起原语 suspend 的执行过程：检查被挂起进程的状态，若处于活动就绪态，便将其改为挂起就绪；对于活动阻塞态的进程，则将之改为挂起阻塞。为了方便用户或父进程考查该进程的运行情况，而把该进程的 PCB 复制到某指定的内存区域。若被挂起的进程正在执行，则转向调度程序重新调度。

2. 进程的激活

激活原语 active 的执行过程：先将进程从外存调入内存，检查该进程的现行状态，若是挂起就绪，便将之改为活动就绪；若为挂起阻塞，便将之改为活动阻塞。假如采用的是抢占调度策略，则每当有新进程进入就绪队列时，应检查是否要进行重新调度，即由调度程序将被激活进程与当前进程进行优先级的比较，如果被激活进程的优先级更低，就不必重新调度；否则，立即剥夺当前进程的运行，把处理机分配给刚被激活的进程。

第三节 进程同步与进程通信

一、进程同步

在 OS 中引入进程后，虽然提高了资源的利用率和系统的吞吐量，但由于其异步性，也会使系统造成混乱。例如，当多个进程去争用一台打印机时，有可能使多个进程的输出结果交织在一起，难以区分；而当多个进程去争用共享变量、表格、链表时，有可能致使数据处理出错。进程同步的主要任务是对多个相关进程在执行次序上进行协调，以使并发执行的诸进程之间能有效地共享资源和相互合作，从而使程序的执行具有可再现性。

（一）进程同步的概念

在多道程序环境下，当程序并发执行时，由于资源共享和进程合作，使同处于一个系统中的诸进程之间可能存在以下两种形式的制约关系。

1. 竞争关系

系统中的多个进程之间彼此无关，它们并不知道其他进程的存在，也不受其他进程执行的影响。例如，批处理系统中建立的多个用户进程，分时系统中建立的多个终端进程。由于这些进程共用一套计算机系统资源，因而必然会出现多个进程竞争资源的问题。当多个进程竞争共享硬件设备、存储器、处理器和文件等资源时，操作系统必须协调好进程对资源的争用。

由于相互竞争资源的进程间并不交换信息，但是一个进程的执行可能影响同其竞争资源的其他进程，如果两个进程要访问同一资源，那么一个进程通过操作系统分配得到该资源，另一个将不得不等待。在极端的情况下，被阻塞进程永远得不到访问权，从而不能成功地终止。所以，资源竞争出现了两个控制问题：一个是死锁（deadlock）问题，一组进程如果都获得了部分资源，还想要得到其他进程所占有的资源，最终所有的进程将陷入死锁；另一个是饥饿（starvation）问题，即一个进程由于其他进程总是优先于它而被无限期拖延。由于操作系统负责资源分配，资源竞争的控制应由系统来解决，因而操作系统应该提供各种支持，例如，提供锁机制给并发进程在使用共享资源之前来表达互斥的要求。操作系统需要保证诸进程能互斥地访问临界资源，既要解决饥饿问题，又要解决死锁问题。

进程的互斥（mutual exclusion）是解决进程间竞争关系（间接制约关系）的手段，也称间接同步。进程互斥指若干个进程要使用同一共享资源时，任何时刻最多允许一个进程去使用，其他要使用该资源的进程必须等待，直到占有资源的进程释放该资源。临界区管理可以解决进程互斥问题。

2. 协作关系

某些进程为完成同一任务需要分工协作，由于合作的每一个进程都是独立地以不可预知的速度推进，这就需要相互协作的进程在某些协调点上协调各自的工作。当合作进程中的一个到达协调点后，在尚未得到其伙伴进程发来的消息或信号之前应阻塞自己，直到其他合作进程发来协调信号或消息后方被唤醒并继续执行。这种协作进程之间相互等待对方消息或信号的协调关系称为进程同步。例如有三个进程：input（读入数据）、process（对读入的数据进行处理）和 output（将处理完的数据打印），这是一种典型的协作关系，各自都知道对方的存在。这时操作系统要确保诸进程在执行次序上协调一致，一块数据没有输入完之前不能加工处理，没有加工处理完之前不能打印输出等。进程间的协作可以是双方不知道对方名字的间接协作，例如，通过共享访问一个缓冲区进行松散式协作；也可以是双方知道对方名字，直接通过通信机制进行紧密协作。

进程的同步（synchronization）是解决进程间协作关系（直接制约关系）的手段，也称直接同步。进程同步指两个以上进程基于某个条件来协调它们的活动。一个进程的执行依赖于另一个协作进程的消息或信号，当一个进程没有得到来自另一个进程的消息或信号时则需等待，直到消息或信号到达才被唤醒。不难看出，进程互斥关系是一种特殊的进程同步关系，即逐次使用互斥共享资源，也是对进程使用资源次序上的一种协调。

（二）临界区及其管理

1. 临界资源和临界区

假设一个飞机订票系统有两个终端，分别运行进程 T1 和 T2。该系统的公共数据区中的一些单元 Aj（j=1，2，…）分别存放某月某日某次航班的余票数，而 X1 和 X2 表示进程 T1 和 T2 执行时所用的工作单元。飞机票售票程序如下：

```
void Ti（int i）//i=1 或 2
{ int Xi；
按旅客订票要求找到 Aj
Xi=Aj；
if（xi>=1）
{ xi=xi-1；
    Aj=Xi；
```

输出一张票；

}

else

{输出信息"票已售完"}；

}

由于 T1 和 T2 是两个可同时执行的并发进程，它们在同一个计算机系统中运行，共享同一批票源数据，因此，可能出现如下所示的运行情况：

T1：X1：=Aj；　　　　X1=m（m>0）

T2：X2：=Aj；　　　X2=m

T2：X2：=X2−1；Aj：=X2；输出一张票；Aj=m−1

T1：X1：=X1−1；Aj：=X1；输出一张票；Aj=m−1

显然，此时出现了把同一张票卖给了两位旅客的情况，两位旅客可能各自都买到一张同天同次航班的机票，可是，Aj 的值实际上只减去了1，造成余票数的不正确。特别地，当某次航班只有一张余票时，就可能把这一张票同时售给了两位旅客，之所以会产生错误，原因在于多个售票进程交叉访问了共享变量 Aj。这里把并发进程中与共享变量有关的程序段称为临界区（critical section），共享变量代表的资源称为临界资源（critical resource）。在上例中，进程 T1 的临界区为

X1=Aj；

if（X1>=1）

{X1=X1−1；

　Aj=X1；}

进程 T2 的临界区为：

X2−Aj；

if（X2>=1）

{X2=X2−1；

　Aj=X2；}

与同一变量有关的临界区分散在各有关进程的程序段中，而各进程的执行速度不可预知。如果能保证一个进程在临界区执行时，不让另一个进程进入相关的临界区，即各进程对共享变量的访问是互斥的，那么就不会造成

与时间有关的错误。

2.临界区管理

为实现进程间接同步，使进程互斥地进入自己的临界区，可用软件或硬件方法来协调各进程间的运行。其互斥机制（间接同步机制）都应遵循下述四条准则：

（1）空闲让进

当无进程处于临界区时，表明临界资源处于空闲状态，应允许一个请求进入临界区的进程立即进入自己的临界区，以有效地利用临界资源。

（2）忙则等待

当已有进程进入临界区时，表明临界资源正在被访问，因而其他试图进入临界区的进程必须等待，以保证对临界资源的互斥访问。

（3）有限等待

对要求访问临界资源的进程，应保证在有限时间内能进入自己的临界区，以免陷入"死等"状态。

（4）让权等待

当进程不能进入自己的临界区时，应立即释放处理机，以免进程陷入"忙等"状态。

3.实现临界区管理的方法

要达到上述四条准则，实现临界区管理可以通过软件和硬件两种方法。

（1）软件方法

① Dekker 算法。荷兰数学家德克尔（T.Dekker）提出的 Dekker 算法能保证进程互斥地进入临界区，这是最早提出的一个软件互斥方法，此方法用一个指示器 u 来指示哪一个进程应该进入临界区。若 turn=1，则进程 P1 可以进入临界区；若 turn=2，则进程 P2 可以进入临界区。Dekker 算法如下：

```
bool inside[2];
int turn;
turn=1 or 2;
inside[1]=false;
inside[2]=false;
parbegin
```

```
Void P1（）
{inside[1]=true；
while（inside[2]）
{if turn==2）
  {inside1=false；
    while（turn==2）
    {
        }
    inside[1]=true；
        }
      }
临界区；
turn=2；
inside[1]=false；
}
Void P2（）
{inside [2]=true；
while（inside[1]）
  {if（turn==1）
    {inside[2]=false；
      while（turn==1）
      {
          }
      inside[2]=true；}
        }
    }
临界区；
turn=1；
inside[2]=false；
}
```

parend.

Dekker 算法的执行过程描述如下：当进程 P1（或 P2）想进入自己的临界区时，它把自己的标志位 inside1（或 inside2）置为 true，然后继续执行并检查对方的标志位。如果为 false，表明对方不在也不想进入临界区，进程 P1（或 P2）可以立即进入自己的临界区；否则，咨询指示器 turn，若 turn 为 1（或为 2），那么 P1（或 P2）知道应该自己进入，反复地去测试 P2（或 P1）的标志值 inside2（或 inside1）；进程 P2（或 P1）注意到应该礼让对方，故把其自己的标志位置为 false，允许进程 P1（或 P2）进入临界区；在进程 P1（或 P2）结束其临界区工作后，把自己的标志置为 false，且把 turn 置为 2（或 1），从而把进入临界区的权力交给进程 P2（或 P1）。

这种方法显然能保证互斥进入临界区的要求，这是因为仅当 turn=i（i=1，2）时进程 Pi（i=1，2）才有权力进入其临界区。因此，一次只有一个进程能进入临界区，且在一个进程退出临界区之前，turn 的值是不会改变的，保证不会有另一个进程进入相关临界区。同时，turn 的值不是 1 就是 2，故不可能同时出现两个进程均在 while 语句中等待而进不了临界区。Dekker 算法虽能解决互斥问题，但算法复杂难于理解，Peterson 算法则较为简单。

②Peterson 算法。此方法为每个进程设置一个标志，当标志为 false 时表示该进程要求进入临界区。另外再设置一个指示器 turn 以指示可以由哪个进程进入临界区，当 turn=i 时则可由进程 Pi 进入临界区。Perterson 算法的程序如下：

```
bool inside[2];
int turn;
turn=1 or 2;
inside[1]=false;  /*P1 不在其临界区内 */
inside[2]=false;  /*P2 不在其临界区内 */
parbegin
void P1（）
{
    inside[1]=true;
    turn=2;
```

```
    while（inside[2]&turn=2）
    {  }
临界区；
inside[1]=false；
}
void P2（ ）
{
    inside 2=true；
    turn=1；
    while（inside[1]&turn==1）
    {  }
临界区；
inside[2]=false；
parend.
```

在上面的程序中，用对 turn 的置值和 while 语句来限制每次最多只有一个进程可以进入临界区，当有进程在临界区执行时不会有另一个进程闯入临界区；进程执行完临界区程序后，修改 inside[i] 门的状态而使等待进入临界区的进程可在有限的时间内进入临界区。所以，Peterson 算法满足了对临界区管理的三个条件。由于在 while 语句中的判别条件是 "inside[i] 和 turn=1（或 2）"，因此，任意一个进程进入临界区的条件是对方不在临界区或对方不请求进入临界区。于是，任何一个进程均可以多次进入临界区。本算法也很容易推广到多个进程的情况。

（2）硬件方法

在单处理器计算机中，并发进程不会同时只会交替执行，为了保证互斥，仅需要保证一个进程不被中断即可。分析临界区管理尝试中的两种算法，问题出在管理临界区的标志时要用到两条指令，而这两条指令在执行过程中有可能被中断，从而导致执行的不正确。能否把标志看作一个锁，开始时锁是打开的，在一个进程进入临界区时便把锁锁上以封锁其他进程进入临界区，直至它离开其临界区，再把锁打开以允许其他进程进入临界区。如果希望进入其临界区的一个进程发现锁未开，它将等待，直到锁被打开。可见，要进入临界区的每个进程必须首先测试锁是否打开，如果是打开的，则应立即把它锁上，以排斥其他进程进入临界区。显然，测试和上锁这两个动作不能分开，以防两个或多个进程同时测试到允许进入临界区的状态。下面是一些硬件设施，可用来实现对临界区的管理。

①关中断。实现互斥的最简单方法之一是关中断。当进入锁测试之前关闭中断，直到完成锁测试并上锁之后再开中断。进程在临界区执行期间，计算机系统不响应中断，因此不会转向调度，也就不会引起进程或线程切换，保证了锁测试和上锁操作的连续性和完整性，也就保证了互斥，有效地实现了临界区管理。关中断方法有许多缺点：滥用关中断权力可能导致严重后果；关中断时间过长会影响系统效率，限制了处理器交叉执行程序的能力；关中断方法也不适用于多 CPU 系统，因为在一个处理器上关中断，并不能防止进程在其他处理器上执行相同临界段代码。

②测试并建立指令。实现这种管理的另一种办法是使用硬件提供的"测试并建立"指令 TS（Test and Set）。可把这条指令看作函数过程，它有一个布尔参数 x 和一个返回条件码，当 TS（x）测到 x 为 true 时则置 x 为 false，且根据测试到的 x 值形成条件码。下面给出了 TS 指令的处理过程。TS（x）：若 x=true，则 x=false；return true；否则 return false；用 TS 指令管理临界区时，可把一个临界区与一个布尔变量 s 相连，由于变量 s 代表了临界资源的状态，可把它看成一把锁。s 初值置为 true，表示进程在临界区内使用资源。系统可以提供在锁上的利用 TS 指令实现临界区的上锁和开锁原语操作。在进入临界区之前，首先用 TS 指令测试 s，如果没有进程在临界区内，则可以进入，否则必须循环测试直到 TS（s）为 true，此时 s 的值一定为 false；当进程退出临界区时把 s 置为 true。由于 TS 指令是一个不可分指令，在测试和形成条件码之间不可能有另一进程去测试 x 值，从而保证了临界区管理的正确性。

```
bool s;
s=true;
void Pi（ ） /*i=1，2，…，n*/
{ bool pi;
    do
```

```
    pi=TS（s）；
    while（pi）；/* 上锁 /
临界区；
s=true；/ 开锁 */
}
```

（三）信号量及 PV 操作

1965 年，荷兰学者迪克斯特拉（Dijkstra）提出的信号量（semaphores）机制是一种卓有成效的进程同步工具。在之后的应用中，信号量机制又得到了很大的发展，它从整型信号量、记录型信号量，进而发展为"信号量集"机制。

1. 整型信号量

最初由迪克斯特拉（Dijkstra）把整型信号量定义为一个用于表示资源数目的整型量 S，它与一般整型量不同，除初始化外，仅能通过两个标准的原子操作 P（S）和 V（S）来访问。很长时间以来，这两个操作一直被分别称为 P，V 操作。这两个操作可描述为

$P（S）$：while $（S <= 0）$

$\qquad$ {；}

$\qquad$ S=S$-$1；

$V（S）$：S=S $+$ 1；

P（S）和 V（S）是两个原子操作，因此它们在执行时是不可中断的。亦即当一个进程在修改某信号量时，没有其他进程可同时对该信号量进行修改。此外，在 P 操作中，对 S 值的测试和做 S=S$-$1 操作时都不可中断。

2. 记录型信号量

在整型信号量机制中的 P 操作，只要信号量 $S \leq 0$，就会不断地测试。因此，该机制并未遵循"让权等待"的准则，而是使进程处于"忙等"的状态。记录型信号量机制则是一种不存在"忙等"现象的进程同步机制。但在采取了"让权等待"的策略后，又会出现多个进程等待访问同一临界资源的情况。为此，在信号量机制中，除了需要一个用于代表资源数目的整型变量 value 外，还应增加一个进程链表指针 L，用于链接上述的所有等待进程。记录型信号量是由于它采用了记录型的数据结构而得名的。它所包含的上述两个数

据项可描述为

```
#define A 1000
type struct{
        int value；
        PCB [LA]；
        }semaphore；
```

相应地，P（S）和 V（S）操作可描述为

```
void P（semaphore S）
{S.value=S.value−1；
  if（S.value < 0）block（S.L）；
}
void V（semaphore S）
{S.value=S.value ＋ 1；
  if（S.value < =0）wakeup（S.L）；
}
```

在记录型信号量机制中，S.value 的初值表示系统中某类资源的数目，因而又称资源信号量。对它的每次 wait 操作，意味着进程请求一个单位的该类资源，使系统中可供分配的该类资源数就减少一个，因此描述为 S.value=S.value−1；当 S.value < 0 时，表示该类资源已分配完毕，因此进程应调用 block 原语，进行自我阻塞，放弃处理机，并插入信号量链表 S.L 中。可见，该机制遵循了"让权等待"准则。此时 S.value 的绝对值表示在该信号量链表中已阻塞进程的数目。对信号量的每次 signal 操作，表示执行进程释放一个单位资源，使系统中可供分配的该类资源数增加一个，故 S.value：=S.value ＋ 1 操作表示资源数目加 1。若加 1 后仍是 S.value ≤ 0，则表示在该信号量链表中，仍有等待该资源的进程被阻塞，故还应调用 wakeup 原语，将 S.L 链表中的第一个等待进程唤醒。如果 S.value 的初值为 1，表示只允许一个进程访问临界资源，此时的信号量转化为互斥信号量，用于进程互斥。

3.AND 型信号量

上述的进程互斥问题，是针对各进程之间只共享一个临界资源而言的。在有些应用场合，一个进程需要先获得两个或更多的共享资源后方能执行其

任务。假定现有两个进程 A 和 B，它们都要求访问共享数据 D 和 E。当然，共享数据都应作为临界资源。为此，可为这两个数据分别设置用于互斥的信号量 Dmutex 和 Emutex，并令它们的初值都是 1。相应地，在两个进程中都要包含两个对 Dmutex 和 Emutex 的操作，即

process A（ ）　　process B（ ）:

{　　　　　　　　　{

　P（Dmutex）;　　　　P（Emutex）;

P（Emutex）;　　　　P（Dmutex）;

}　　　　　　　}

若进程 A 和 B 按下述次序交替执行 P 操作:

process A: P（Dmutex）; 于是 Dmutex=0

process B: P（Emutex）; 于是 Emutex=0

process A: P（Emutex）; 于是 Emutex=-1A 阻塞

process B: P（Dmutex）; 于是 Dmutex=-1B 阻塞

最后，进程 A 和 B 处于僵持状态。在无外力作用下，两者都将无法从僵持状态中解脱出来，称此时的进程 A 和 B 已进入死锁状态。显然，当进程同时要求的共享资源越多时，发生进程死锁的可能性也就越大。

AND 同步机制的基本思想是: 将进程在整个运行过程中需要的所有资源，一次性全部分配给进程，待进程使用完后再一起释放。只要尚有一个资源未能分配给进程，其他所有可能为之分配的资源也不分配给它。亦即对若干个临界资源的分配，采取原子操作方式: 要么把它所请求的资源全部分配到进程，要么一个也不分配。由死锁理论可知，这样就可避免上述死锁情况的发生。为此，在 P 操作中，增加了一个"AND"条件，故称为 AND 同步，或称为同时 wait 操作，即 Swait（simultaneous wait）定义如下:

```
void Swait（S1，S2，…，Sn）
{
    if（Si>=1 and…and Sn>=1）
    {for（int i=1; i <=n; i）
        Si=Si-1;
}
```

else

place the process in the waiting queue associated with the first Si found with Si < 1, and set the program count of this process to the beginning of Swait operation

}

void Ssignal（S1，S2，…，Sn）

{for（int i=1；i < =n；i）

    {

    Si：=Si＋1；

        Remove all the process waiting in the queue associated with Si into the ready queue。

        }

}

4. 信号量集

在记录型信号量机制中，P（S）或 V（S）操作仅能对信号量施以加 1 或减 1 操作，意味着每次只能获得或释放一个单位的临界资源。而当一次需要 N 个某类临界资源时，便要进行 N 次 P（S）操作，显然这是低效的。此外，在有些情况下，当资源数量低于某一下限值时，便不予以分配。因而，在每次分配之前，都必须测试该资源的数量，查看其是否大于其下限值。基于上述两点，可以对 AND 信号量机制加以扩充，形成一般化的"信号量集"机制。Swait 操作可描述如下（其中 S 为信号量，d 为需求值，而 t 为下限值）：

void Swait（S1，t1，d1，…，Sn，tn，dn）

{if（Si>>=t1 and …and Sn>=tn）

    {for（int i=1；i < =n；）

    Si：=Si−di；

}

    else

Place the executing process in the waiting queue of the first Si with Si < tiand set its program counter to the beginning of the Swait Operation。

    }

```
void Ssignal（S1, d1, …, Sn, dn）
{for（int i=1; i< =n; i）
    {Si=Si + di;
    Remove all the process waiting in the queue associated with Si into the
ready queue
    }
}
```

信号量集的几种特殊情况如下：

①Swait（S, d, d）。此时在信号量集中只有一个信号量S，但允许它每次申请d个资源，当现有资源数少于d时，不予分配。

②Swait（S, 1, 1）。此时的信号量集已蜕化为一般的记录型信号量（S>1时）或互斥信号量（S=1时）。

③Swait(S, 1, 0)。这是一种很特殊且很有用的信号量操作。当S≥1时，允许多个进程进入某特定区；当S变为0后，将阻止任何进程进入特定区。换言之，它相当于一个可控开关。

5. 利用信号量实现进程互斥

利用信号量可以方便地实现进程互斥，与TS指令相比较，P，V操作也是用测试信号量的办法来决定是否能进入临界区，但不同的是P，V操作只对信号量测试一次，而用TS指令则必须反复测试。用信号量和P，V操作管理几个进程互斥只需为该资源设置一个互斥信号量mutex，并设其初始值为1，然后将各进程访问该资源的临界区CS置于P（mutex）和V（mutex）操作之间即可。这样，每个欲访问该临界资源的进程在进入临界区之前，都要先对mutex执行P操作，若该资源此刻未被访问，本次P操作必然成功，进程便可进入自己的临界区，这时若再有其他进程也欲进入自己的临界区，由于对mutex执行P操作定会失败，因而该进程阻塞，从而保证了该临界资源能被互斥地访问。当访问临界资源的进程退出临界区后，又应对mutex执行signal操作，以便释放该临界资源。利用信号量实现进程互斥的进程可描述如下：

```
semaphore：mutex=1;
parbegin
```

```
process 1: do
    {P (mutex);
        critical section
        V (mutex);
        remainder section
        }while (false);
    }
process 2: {do
    {P (mutex);
    critical section
    V (mutex);
    remainder section
    }while (false);
    }
```

在利用信号量机制实现进程互斥时应注意，P（mutex）和V（mutex）必须成对地出现。缺少P（mutex）将会导致系统混乱，不能保证对临界资源的互斥访问；而缺少V（mutex）将会使临界资源永远不被释放，从而使因等待该资源而阻塞的进程不能被唤醒。

（四）几个经典的进程同步问题

1. 生产者——消费者问题

（1）利用记录型信号量

假定在生产者和消费者之间的公用缓冲池中，具有数个缓冲区，这时可利用互斥信号量mutex实现诸进程对缓冲池的互斥使用。利用信号量empty和full分别表示缓冲池中空缓冲区和满缓冲区的数量。又假定这些生产者和消费者相互等效，只要缓冲池未满，生产者便可将消息送入缓冲池；只要缓冲池未空，消费者便可从缓冲池中取走一个消息。对生产者—消费者问题可描述如下：

```
semaphore: mutex=1, empty=n, full=0;
item: buffer: [n];
int in=0, out=0;
```

```
parbegin
void producer i（）
{L1：produce an item in nextp；
   P（empty）；
   P（mutex）；
    Buffer in）=nextp；
   in=（in＋＋1）mod n；
     V（mutex）；
     V（full）；
goto L1；
}
void consumerj（）
   {L2：P（full）；
   P（mutex）；
   Nextc=buffer（out）；
   0ut=（out＋1）mod n；
     V（mutex）；
     V（empty）；
     consumer the item in nextc；
     goto L2；
   }
parend.
```

在这个问题中，P 操作的次序是很重要的，如果把生产者进程中的两个 P 操作交换次序，那么当缓冲器中存满了 k 件产品（此时，empty=0，mutex=l，full=k）时，生产者又生产了一件产品，它欲向缓冲器存放时将在 P（empty）上等待（注意，现在 empty=0），但它已经占有了使用缓冲器的权力。这时消费者欲取产品时将停留在 P（mutex）上得不到使用缓冲器的权力。导致生产者等待消费者取走产品，而消费者却在等待生产者释放使用缓冲器的权力，这种相互等待永远结束不了。所以，在使用信号量和 P，V 操作实现进程同步时，特别要当心 P 操作的次序，而 V 操作的次序倒是无关紧要的。一般而言，用于互斥的信号量上的 P 操作，总是在后面执行。

（2）利用 AND 型信号量

Semaphore：mutex=1，empty=n，full=0；

item：buffer：[n]；

int in=0，out=0；

parbegin

    void producer（）

    {do{

        produce an item in nextp；

        Swait（empty，mutex）；

        Buffer[in]=nextp；

        in=（in−1）mod n；

        Ssignal（mutex，full）；

        while（false）；

    }

void consumer（）

    {do{

        Swait（full，mutex）；

        Nextc=buffer out；

        Out=（out1）mod n；

        Ssignal（mutex，empty）；

        consumer the item in nextc；

        while（false）：

    }

parend.

2. 读者——写者问题

一个数据文件或记录，可被多个进程共享，把只要求读该文件的进程称为"reader 进程"，其他进程则称为"writer 进程"。允许多个进程同时读一个共享对象，因为读操作不会使数据文件混乱。但不允许一个 writer 进程和其他 reader 进程或 writer 进程同时访问共享对象，因为这种访问将会引起混乱。所谓"读者—写者问题",是指保证一个 writer 进程必须与其他进程互斥地访问共享对象的同步问题。读者—写者问题常常被用来测试新同步原语。

（1）利用记录型信号量

单纯使用信号量不能解决读者—写者问题,必须引入计数器 rc 对读进程计数,utex 是用于对计数器 C 操作的互斥信号量,W 表示是否允许写的信号量,于是管理该文件的程序可设计如下:

```
int rc；
semaphore：W，mutex；
rc=0：  /* 读进程计数 */
W=1；
mutex=1；
void read（ ）
{
P（mutex）；
rc=rc + 1；
if（rc=1）
    P（W）；
V（mutex）；
读文件；
P（mutex）；
rc=rc-1；
if（rc=0）
    V（W）；
V（mutex）；
}
void write（ ）
{
P（W）；
写文件：
```

```
V（W）;
}
parbegin
    process readeri;
    process writerj;
parend.
process readeri;
{
read（）;
}
process writerj
{
Write（）:
}
```

在上面的解法中，读者是优先的，当存在读者时，写操作将被延迟，并且只要有一个读者活跃，随后而来的读者都将允许访问文件，从而导致了写进程长时间等待，并有可能出现写进程被"饿死"。增加信号量并修改上述程序可以得到写进程具有优先权的解决方案，能保证当一个写进程声明想写时，不允许新的读进程再访问共享文件。

（2）利用信号量集

这里的读者——写者问题与前面的略有不同，它增加了一个限制，即最多只允许 RN 个读者同时读。为此，又引入了一个信号量 L，并赋予其初值为 RN，通过执行 Swait（L，1，1）操作来控制读者的数目。每当有一个读者进入时，就要先执行 Swait（L，1，1）操作，使 L 的值减 1。当有 RN 个读者进入读后，L 便减为 0，第 RN＋1 个读者要进入读时，必然会因 Swait（L，1，1）操作失败而阻塞。对利用信号量集来解决读者—写者问题的描述如下：

```
int RN
semaphore：L=RN, mx=1;
parbegin
    process reader
```

```
        {do{Swait（L，1，1）；
            Swait（mx，1，0）；
             perform read operation；
             Ssignal（L，1）；
         while（false）；
             }
process writer
{do{
     Swait（mx，1，1；L，RN，0）；
     perform write operation；
     Ssignal（mx，1）；
}while（false）；
}
parend
end
```

其中，Swait（mx，1，0）语句起着开关的作用。只要无 writer 进程进入写，mx=1，reader 进程就都可以进入读。但一旦有 writer 进程进入写时，其 mx=0，则任何 reader 进程都无法进入读。Swait（mx，1，1；L，RN，0）语句表示仅当既无 writer 进程在写（mx=1），又无 reader 进程在读（L=RN）时，writer 进程才能进入临界区写。

3. 哲学家进餐问题

由迪克斯特拉（Dijkstra）提出并解决的哲学家进餐问题是典型的同步问题。该问题是描述有五位哲学家共用一张圆桌，分别坐在周围的五张椅子上，在圆桌上有五个碗和五支筷子，他们的生活方式是交替地进行思考和进餐。平时，一位哲学家进行思考，饥饿时便试图取用其左右最靠近他的筷子，只有在他拿到两支筷子时才能进餐。进餐完毕，放下筷子继续思考。

利用记录型信号量解决时，在一段时间内只允许一位哲学家使用。为了实现对筷子的互斥使用，可以用一个信号量表示一支筷子，由这五个信号量构成信号量数组。其描述如下：

semaphore chopstick[5]；

所有信号量均被初始化为 1，第 i 位哲学家的活动可描述为

```
do
{P（chopstick[i]）；
   P（chopstick [（i+1）mod 5]）；
      eat；
V（chopstick[i]）；
V（chopstick[（i+1）mod 5]）；
think；
}while（false）：
```

在以上描述中，当哲学家饥饿时，总是先去拿他左边的筷子，即执行 P（chopstick[i]）；成功后，再去拿他右边的筷子，即执行 P（chopstick[（i＋1）mod5]）；又成功后便可进餐。进餐完毕，先放下他左边的筷子，然后再放右边的筷子。虽然，上述解法可保证不会有两个相邻的哲学家同时进餐，但有可能引起死锁。假如五位哲学家同时饥饿而各自拿起左边的筷子时，就会使五个信号量 chopstick 均为 0；当他们再试图去拿右边的筷子时，都将因无筷子可拿而无限期地等待。对于这样的死锁问题，可采取以下几种解决方法：

①至多只允许有四位哲学家同时去拿左边的筷子，最终能保证至少有一位哲学家能够进餐，并在用毕时能释放出他用过的两支筷子，从而使更多的哲学家能够进餐。

②仅当哲学家的左、右两支筷子均可用时，才允许他拿起筷子进餐。

③规定奇数号哲学家先拿他左边的筷子，然后再去拿右边的筷子，而偶数号哲学家则相反。按此规定，将是 1、2 号哲学家竞争 1 号筷子；3、4 号哲学家竞争 3 号筷子。即五位哲学家都先竞争奇数号筷子，获得后，再去竞争偶数号筷子，最后总会有一位哲学家能获得两支筷子而进餐。

（五）管程机制

虽然信号量机制是一种既方便又有效的进程同步机制，但每个要访问临界资源的进程都必须自备同步操作 P（S）和 V（S）。这就使大量的同步操作分散在各个进程中。这不仅给系统的管理带来麻烦，而且会因同步操作的使用不当而导致系统死锁。这样，在解决上述问题的过程中，便产生了一

种新的进程同步工具——管程（monitors）。

1. 管程的定义

系统中的各种硬件资源和软件资源，均可用数据结构抽象地描述其资源特性，即用少量信息和对该资源所执行的操作来表征该资源，而忽略了它们的内部结构和实现细节。例如，对一台电传机，可用与分配该资源有关的状态信息（busy 或 free）和对它执行请求与释放的操作，以及等待该资源的进程队列来描述。又如，一个 FFO 队列，可用其队长、队首和队尾，以及在该队列上执行的一组操作来描述。利用共享数据结构抽象地表示系统中的共享资源，而把对该共享数据结构实施的操作定义为一组过程，如资源的请求（request）和释放（release）过程。进程对共享资源的申请、释放和其他操作，都是通过这组过程对共享数据结构的操作来实现的，这组过程还可以根据资源的情况，或接受或阻塞进程的访问，确保每次仅有一个进程使用共享资源，这样就可以统一管理对共享资源的所有访问，实现进程互斥。

代表共享资源的数据结构，以及由对该共享数据结构实施操作的一组过程所组成的资源管理程序，共同构成了一个操作系统的资源管理模块，称为管程。管程被请求和释放资源的进程所调用。管程的定义是：一个管程定义了一个数据结构和能为并发进程所执行（在该数据结构上）的一组操作，这组操作能同步进程和改变管程中的数据。由上述的定义可知，管程由四部分组成：①管程的名称；②局部于管程内部的共享数据结构说明；③对该数据结构进行操作的一组过程；④对局部于管程内部的共享数据设置初始值的语句。

管程的语法描述如下：

MONITOR monitor name；

<共享变量说明>；

define <（能被其他模块引用的）过程名列表>；

use <（要调用的本模块外定义的）过程名列表>；

void <过程名>（<形式参数表>）：

{

……

}

......

{

<管程的局部数据初始化语句序列>；

}

需要指出的是，局部于管程内部的数据结构，仅能被局部于管程内部的过程所访问，任何管程外的过程都不能访问它；反之，局部于管程内部的过程也仅能访问管程内的数据结构。由此可见，管程相当于围墙，它把共享变量和对它进行操作的若干过程围了起来，所有进程要访问临界资源时，都必须经过管程（相当于通过围墙的门）才能进入，而管程每次只准许一个进程进入管程，从而实现了进程互斥。

管程是一种程序设计语言结构成分，它和信号量有同等的表达能力，从语言的角度看，管程主要有以下特性：

①模块化。管程是一个基本程序单位，可以单独编译。

②抽象数据类型。管程中不仅有数据，而且有对数据的操作。

③信息隐蔽。管程中的数据结构只能被管程中的过程访问，这些过程也是在管程内部定义的，供管程外的进程调用，而管程中的数据结构以及过程（函数）的具体实现外部不可见。

管程和进程不同，主要体现在以下几个方面：

①虽然两者都定义了数据结构，但进程定义的是私有数据结构 PCB，管程定义的是公共数据结构，如消息队列等。

②两者都存在对各自数据结构上的操作，但进程是由顺序程序执行有关的操作，而管程主要是进行同步操作和初始化操作。

③设置进程的目的在于实现系统的并发性，而管程的设置则是解决共享资源的互斥使用问题。

④进程通过调用管程中的过程对共享数据结构实行操作，该过程就如通常的子程序一样被调用，因而管程为被动工作方式，进程为主动工作方式。

⑤进程之间能并发执行，而管程则不能与其调用者并发。

⑥进程具有动态性，由"创建"而诞生，由"撤销"而消亡，管程则是操作系统中的一个资源管理模块，供进程调用。

2. 条件变量

在利用管程实现进程同步时，必须设置同步工具，如两个同步操作原语 P 和 V。当某进程通过管程请求获得临界资源而未能满足时，管程便调用 wait 原语使该进程等待，并将其排在等待队列上。仅当另一进程访问完成并释放该资源之后，管程才又调用 V 原语，唤醒等待队列中的队首进程。

但是仅仅有上述的同步工具是不够的。考虑一种情况：当一个进程调用了管程，在管程中时被阻塞或挂起，直到阻塞或挂起的原因解除，而在此期间，如果该进程不释放管程，则其他进程无法进入管程，被迫长时间地等待。为了解决这个问题，引入了条件变量 condition。通常，一个进程被阻塞或挂起的条件（原因）可有多个，因此在管程中设置了多个条件变量，对这些条件变量的访问，只能在管程中进行。

管程中对每个条件变量都须予以说明，其形式为：Var x, y: condition。对条件变量的操作仅仅是 wait 和 signal，因此条件变量也是一种抽象数据类型，每个条件变量保存了一个链表，用于记录因该条件变量而阻塞的所有进程，同时提供的两个操作可表示为 x.wait 和 x.signal。

①x.wait。正在调用管程的进程因 x 条件需要被阻塞或挂起，则调用 x.wait 将自己插入 x 条件的等待队列上，并释放管程，直到 x 条件变化。此时其他进程可以使用该管程。

②x.signal。正在调用管程的进程发现 x 条件发生了变化，则调用 x.signal，重新启动一个因 x 条件而阻塞或挂起的进程。如果存在多个这样的进程，则选择其中的一个；如果没有，则继续执行原进程，而不产生任何结果。这与信号量机制中的 signal 操作不同，因为后者总是要执行 s=s＋1 操作，因而总会改变信号量的状态。

如果有进程 Q 因 x 条件处于阻塞状态，当正在调用管程的进程 P 执行了 x.signal 操作后，进程 Q 被重新启动，此时两个进程 P 和 Q，如何确定哪个执行，哪个等待，可采用下述两种方式进行处理：

①P 等待，直至 Q 离开管程或等待另一条件。

②Q 等待，直至 P 离开管程或等待另一条件。

二、进程通信

进程通信，是指进程之间的信息交换，其所交换的信息量少者是一个状态或数值，多者则是成千上万个字节。进程之间的互斥和同步，由于其所交换的信息量少而被归结为低级通信。信号量机制作为同步工具是卓有成效的，但作为通信工具，则不够理想，主要表现在下述两方面：①效率低，每次只能向缓冲池投放一个产品（消息），消费者每次只能从缓冲区中取得一个消息。②通信对用户不透明。

利用低级通信工具实现进程通信非常不方便，因为共享数据结构的设置、数据的传送、进程的互斥与同步等，都必须由程序员去实现。因此本节主要介绍高级进程通信，是指用户可直接利用操作系统所提供的一组通信命令高效地传送大量数据的一种通信方式。操作系统隐藏了进程通信的实现细节。或者说，通信过程对用户是透明的。这样就大大降低了通信程序编制上的复杂性。

（一）进程的通信方式

高级通信机制可归结为三大类：共享存储器系统、消息传递系统以及管道通信系统。

1. 共享存储器系统

在共享存储器系统（shared-memory system）中，相互通信的进程共享某些数据结构或共享存储区，进程之间能够通过这些空间进行通信。据此，又可把它们分成以下两种类型。

（1）基于共享数据结构的通信方式

在这种通信方式中，要求诸进程公用某些数据结构，借以实现诸进程间的信息交换。如在生产者—消费者问题中，就是用有界缓冲区这种数据结构来实现通信的。这里，公用数据结构的设置及对进程间同步的处理，都是程序员的职责。这无疑增加了程序员的负担，而操作系统却只需提供共享存储器。因此，这种通信方式是低效的，只适于传递相对少量的数据。

（2）基于共享存储区的通信方式

为了传输大量数据，在存储器中划出了一块共享存储区，诸进程可通过对共享存储区中数据的读或写来实现通信。这种通信方式属于高级通信。进程在通信前，先向系统申请获得共享存储区中的一个分区，并指定该分区的关键字；若系统已经给其他进程分配了这样的分区，则将该分区的描述符返回给申请者，继之，由申请者把获得的共享存储分区连接到本进程上。此后，便可像读、写普通存储器一样地读、写该公用存储分区。

2. 消息传递系统

消息传递系统（message passing system）是当前应用最为广泛的一种进程间的通信机制。在该机制中，进程间的数据交换是以格式化的消息（message）为单位的；在计算机网络中，又把消息称为报文。程序员直接利用操作系统提供的一组通信命令（原语），不仅能实现大量数据的传递，而且隐藏了通信的实现细节，使通信过程对用户是透明的，从而大大降低了通信程序编制的复杂性，因而获得了广泛的应用。在当今最为流行的微内核操作系统中，微内核与服务器之间的通信，无一例外地都采用了消息传递机制。又由于它能很好地支持多处理机系统、分布式系统和计算机网络，因此它也成为这些领域最主要的通信工具。消息传递系统的通信方式属于高级通信方式，因其实现方式不同分成直接通信方式和间接通信方式两种。

（1）直接通信方式

在直接通信方式下，企图发送或接收消息的每个进程必须指出信件发给谁或从谁处接收消息，可用 send 原语和 receive 原语来实现进程之间的通信，这两个原语定义如下：

① send（P，消息）：把一个消息发送给进程 P。

② receive（Q，消息）：从进程 Q 接收一个消息。

这样，进程 P 和 Q 通过执行这两个操作而自动建立了一种连接，并且这种连接仅仅发生在这一对进程之间。消息可以有固定长度或可变长度两种。固定长度便于物理实现，但使程序设计增加困难；而消息长度可变使程序设计变得简单，但使消息传递机制的实现复杂化。

（2）间接通信方式

采用间接通信方式时，进程间发送或接收消息通过一个共享的数据结构——信箱来进行，消息可以被理解成信件，每个信箱有一个唯一的标识符。当两个以上的进程有一个共享的信箱时，它们就能进行通信。间接通信方式解除了发送进程和接收进程之间的直接联系，在消息的使用上灵活性较大。一个进程也可以分别与多个进程共享信箱，于是一个进程可以同时和多个进程进行通信。一对一的关系允许在两个进程间建立不受干扰的专用通信链接；多对一的关系对客户机 / 服务器间的交互非常有用；一个进程给许多别的进程提供服务，这时的信箱又称为一个端口（port），端口通常归接收进程所有并由接收进程创建，当一个进程被撤销时，它的端口也随之被毁灭；一对多的关系适用于一个发送者和多个接收者，它对于在一组进程间广播一条消息的应用程序十分有用。间接通信方式中的"发送"和"接收"原语的形式如下：

①send（A，信件）：把一封信件（消息）传送到信箱A。

②receive（A，信件）：从信箱A接收一封信件（消息）。

信箱是存放信件的存储区域，每个信箱可以分成信箱头和信箱体两部分。信箱头指出信箱容量、信件格式、存放信件位置的指针等；信箱体用来存放信件，信箱体分成若干个区，每个区可容纳一封信。

"发送"和"接收"两条原语的功能为：

①发送信件。如果指定的信箱未满，则将信件送入信箱中由指针所指示的位置，并释放等待该信箱中信件的等待者；否则，发送信件者被置成等待信箱状态。

②接收信件。如果指定信箱中有信，则取出一封信件，并释放等待信箱的等待者；否则，接收信件者被置成等待信箱中信件的状态。

两个原语的算法描述如下，其中，R（）和W（）是让进程入队和出队的两个过程：

```
type struct{
    int size；/* 信箱大小 */
    int count；/* 现有信件数 */
    message：letter n；/* 信箱 */
    semaphore：S1，S2；/* 等信箱和等信件信号量 */
}box；
void send（box B，message M）
{int i；
    if（B.count=B.size）
        W（B.S1）：
    i=B.count ＋ 1；
    B.letter=M；
```

```
    B.count=i;
    R（B.S2）
}
void receive（box B，message x）
{int i;
if（B.count=0）
    W（B.S2）;
B.count=B.count-1;
x=B.letter[1];
if（B.count！=0）
    {
for（int i=1；i<=B.count；i++）
    B.letter=B.letter[i++1]:
R（B.S1）;
    }
}
```

下面的程序是用消息传递机制解决生产者—消费者问题的一种解法：

```
int capacity；/* 缓冲大小 */
int i；
void producer（）
{message pmsg；
    while（true）
    {
    pmsg-produce；/* 生产消息 */
    receive（mapproduce，pmsg）；/* 等待空消息 */
    build message；/* 构造一条消息 */
    send（mayconsume，pmsg）；/* 发送消息 */
    }
}
void consumer（）;
```

```
{ message cmsg;
  while（true）
  {
  receive（mayconsume，cmsg）; /* 接收消息 */
  extract message; /* 取消息 */
  send（mayproduce，null）; /* 回送空消息 */
  consume（csmg）; /* 消耗消息 */
  void main（）/* 主程序 */
{ creat-mailbox（mayprocuce）; /* 创建信箱 */
  creat-mailbox（mayconsume）;
  for（int i=1; i < =capacity; i + +）
        send（mayproduce，null）; /* 发送空消息 */
  producer（）;
  consumer（）
}
```

这里对该程序做简单说明，假设消息大小相同，程序中共用了 capacity 条消息，类似于共享内存缓冲的 capacity 个槽。初始化时，由主控程序负责发 capacity 条空消息给生产者（也可由消费者发出）。当生产者生产出一个数据后，它接收一条空消息并回送一条填入数据的消息给消费者。通过这种方式，系统中总的消息数保持不变。如果生产者速度比消费者快，则所有空消息取尽，于是生产者阻塞以等待消费者返回一条空消息。如果消费者速度快，则正好相反，所有的消息均为空，等生产者填充数据发送消息来释放它。

在这种解法中，生产者和消费者均创建了足够容纳 capacity 条消息的信箱，消费者向生产者信箱发空消息，生产者向消费者信箱发含数据的消息。当使用信箱时，通信机制知道：目标信箱中容纳那些已被发送到的但尚未被目标进程接收的消息。

3. 管道通信系统

所谓"管道"，是指用于连接一个读进程和一个写进程以实现它们之间通信的一个共享文件，又名 pipe 文件。向管道（共享文件）提供输入的发送进程（即写进程），以字符流形式将大量的数据送入管道；而接收管道输出的接收进程（即读进程），则从管道中接收（读）数据。

由于发送进程和接收进程是利用管道进行通信的，故又称管道通信。这种方式首创于 Unix 系统，由于它能有效地传送大量数据，因而又被引入许多其他的操作系统中。为了协调双方的通信，管道机制必须提供以下三方面的协调能力：

①互斥，即当一个进程正在对 pipe 执行读 / 写操作时，其他（另一）进程必须等待。

②同步，指当写（输入）进程把一定数量（如 4KB）的数据写入 pipe，便去睡眠等待，直到读（输出）进程取走数据后，再把它唤醒。当读进程读一空 pipe 时，也应睡眠等待，直至写进程将数据写入管道后，才将之唤醒。

③确定对方是否存在，只有确定了对方已存在时，才能进行通信。

（二）有关消息传递的若干问题

1. 通信链路

为使在发送进程和接收进程之间能进行通信，必须在两者之间建立一条通信链路（communication link）。有两种方式建立通信链路。第一种方式是由发送进程在通信之前用显式的"建立连接"命令（原语）请求系统为之建立一条通信链路；在链路使用完后，也用显式方式拆除链路。这种方式主要用于计算机网络中。第二种方式是发送进程无须明确提出建立链路的请求，只需利用系统提供的发送命令（原语），系统会自动地为之建立一条链路。这种方式主要用于单机系统中。根据通信链路的连接方法，又可把通信链路分为以下两类：

①点—点连接通信链路，这时的一条链路只连接两个节点（进程）。

②多点连接链路，指用一条链路连接多个（n > 2）节点（进程）。而根据通信方式的不同，则又可把链路分成以下两种：

a. 单向通信链路，只允许发送进程向接收进程发送消息，或者相反。

b. 双向链路，既允许由进程 A 向进程 B 发送消息，也允许进程 B 同时向进程 A 发送消息。

还可根据通信链路容量的不同把链路分成两类：一是无容量通信链路，在这种通信链路上没有缓冲区，因而不能暂存任何消息；二是有容量通信链路，指在通信链路中设置了缓冲区，因而能暂存消息。缓冲区数目越多，通信链路的容量越大。

2. 消息的格式

在消息传递系统中所传递的消息，必须具有一定的消息格式。在单机系统环境中，由于发送进程和接收进程处于同一台机器中，有着相同的环境，故其消息格式比较简单；但在计算机网络环境下，不仅源和目标进程所处的环境不同，而且信息的传输距离很远，可能要跨越若干个完全不同的网络，致使所用的消息格式比较复杂。通常可把一个消息分成消息头和消息正文两部分，消息头包括消息在传输时所需的控制信息，如源进程名、目标进程名、消息长度、消息类型、消息编号及发送的日期和时间；而消息正文则是发送进程实际上所发送的数据。

在某些操作系统中，消息采用比较短的定长消息格式，以便减少对消息的处理和存储开销。这种方式可用于办公自动化系统中，为用户提供快速的便笺式通信，但这对要发送较长消息的用户是不方便的。在有的操作系统中，采用变长的消息格式，即进程所发送消息的长度是可变的。系统无论在处理还是在存储变长消息时，都可能会付出更多的开销，但这方便了用户。这两种消息格式各有其优缺点，故在很多系统（包括计算机网络）中，两种格式同时使用。

3. 进程同步方式

在进程之间进行通信时，同样需要有进程同步机制，以使诸进程间能协调通信。不论是发送进程还是接收进程，在完成消息的发送或接收后，都存在两种可能性，即进程或者继续发送（接收），或者阻塞。由此可得到以下三种情况。

（1）发送进程和接收进程均阻塞

这种情况主要用于进程之间紧密同步（tight synchronization），发送进程和接收进程之间无缓冲时。这两个进程平时都处于阻塞状态，直到有消息传递时。这种同步方式称为汇合（rendezvous）。

（2）发送进程不阻塞，接收进程阻塞

这是一种应用最广的进程同步方式。平时，发送进程不阻塞，因而它可以尽快地把一个或多个消息发送给多个目标；而接收进程平时则处于阻塞状态，直到发送进程发来消息时才被唤醒。例如，在服务器上通常都设置了多个服务进程，它们分别用于提供不同的服务，如打印服务。平时，这些服务进程都处于阻塞状态，一旦有请求服务的消息到达，系统便唤醒相应的服务进程去完成用户所要求的服务。处理完后，若无新的服务请求，服务进程又阻塞。

（3）发送进程和接收进程均不阻塞

这也是一种较常见的进程同步形式。平时，发送进程和接收进程都在忙于自己的事情，仅当发生某事件使它无法继续运行时，才把自己阻塞起来等待。例如，在发送进程和接收进程之间联系着一个消息队列时，该消息队列最多能接纳 n 个消息，这样，发送进程便可以连续地向消息队列中发送消息而不必等待；接收进程也可以连续地从消息队列中取得消息，也不必等待。只有当消息队列中的消息数达到 n 个时，即消息队列已满，发送进程无法向消息队列中发送消息时才会阻塞；类似地，只有当消息队列中的消息数为 0，接收进程已无法从消息队列中取得消息时才会阻塞。

第四节 计算机的死锁与线程

一、死锁

在多道程序系统中，多个进程在并发执行时可能发生一种危险——死锁。所谓死锁，是指多个进程在运行过程中因争夺资源而造成的一种僵局（deadly embrace），当进程处于这种僵持状态时，若无外力作用，它们都将无法再向前推进。在前面介绍把信号量作为同步工具时已提及，若多个 P 和 V 操作顺序不当，会产生进程死锁。

（一）死锁的定义

死锁可能是由于竞争资源而产生，也可能是由于程序设计的错误所造成，因此，在讨论死锁问题时，为了避免和硬件故障以及其他程序性错误纠缠在一起，特做如下假定：

①任意一个进程要求资源的最大数量不超过系统能提供的最大量。

②如果一个进程在执行中所提出的资源要求能够得到满足，那么它一定能在有限的时间内结束。

③一个资源在任何时间最多只为一个进程所占有。

④一个进程一次申请一个资源，且只在申请资源得不到满足时才处于等待状态。换言之，其他一些等待状态，例如人工干预、等待外围设备、传输结束等，在没有故障的条件下，可以在有限长的时间内结束，不会产生死锁。因此，这里不考虑这种等待。

⑤一个进程结束时释放它占有的全部资源。

⑥系统具有有限个进程和有限个资源。

现在来给出死锁的定义：一组进程处于死锁状态是指，如果在一个进程集合中的每个进程都在等待只能由该集合中的其他一个进程才能引发的事件，则称一组进程或系统此时发生了死锁。例如，n 个进程 P1，P2，…，Pn，Pi（i=1，…，n）因为申请不到资源 Rj（j=1，…，m）而处于等待状态，而 R 又被 Pi＋1（i=1，…，n－1）占有，P 欲申请的资源被 P1 占有，显然，此时这个进程的等待状态永远不能结束，则说这 n 个进程处于死锁状态。

（二）产生死锁的原因和条件

1.产生死锁的原因

①竞争资源。当系统中供多个进程共享的资源如打印机、公用队列等，其数目不足以满足诸进程的需要时，会引起诸进程对资源竞争而产生死锁。

②进程间推进顺序非法。进程在运行过程中，请求和释放资源的顺序不当，也同样会导致产生进程死锁。

2.产生死锁的条件

对于可再使用资源，系统产生死锁必定同时保持四个必要条件：

①互斥条件（mutual exclusion）。进程应互斥使用资源，任一时刻一个资源仅为一个进程独占，若另一个进程请求一个已被占用的资源时，它被设置成等待状态，直到占用者释放资源。

②占有和等待条件（hold and wait）。一个进程请求资源得不到满足而等待时，不释放已占有的资源。

③不剥夺条件（no preemption）。任一进程不能从另一进程那里抢夺资源，即已被占用的资源只能由占用进程自己来释放。

④循环等待条件（circular wait）。存在一个循环等待链，其中每一个进程分别等待它前一个进程所持有的资源，造成永远等待。

以上前三个条件是死锁存在的必要条件，但不是充分条件。第四个条件是前三个条件同时存在时产生的结果，所以这些条件并不完全独立。但单独考虑每个条件是有用的，只要能破坏这四个必要条件之一，死锁就可防止。

破坏第一个条件（互斥条件），使资源可同时访问而不是互斥使用，是个简单的办法，磁盘可用这种办法管理，但有许多资源往往是不能同时访问的，所以这种做法在许多场合行不通。采用剥夺式调度方法可以破坏第三个条件（不剥夺条件），但剥夺调度方法目前只适用于对主存资源和处理器资源的分配，当进程在申请资源未获准许的情况下，如能主动释放资源（一种剥夺式），然后才去等待，以后再一起向系统提出申请，也能防止死锁，但这些办法不适用于所有资源。由于各种死锁防止办法施加于资源的限制条件太严格，会造成资源利用率下降。

（三）处理死锁的方法

为保证系统中诸进程的正常运行，应事先采取必要的措施，来预防发生死锁。在系统中已经出现死锁后，则应及时检测到死锁的发生，并采取适当措施来解除死锁。目前，处理死锁的方法可归结为以下五种：

①不予处理。采用这种方式的系统通常认为系统出现死锁的概率很低或者预防死锁的代价很大，是方便性与正确性之间的一种折中，Unix 和 Windows 都采取这种方法。

②预防死锁。这是一种较简单和直观的事先预防的方法。该方法是通过设置某些限制条件，去破坏产生死锁的四个必要条件中的一个或几个，来预防发生死锁。预防死锁是一种较易实现的方法，已被广泛使用。但由于所施加的限制条件往往太严格，因而可能会导致系统资源利用率和系统吞吐量降低。

③避免死锁。该方法同样属于事先预防的策略，但它并不需要事先采取各种限制措施去破坏产生死锁的四个必要条件，而是在资源的动态分配过程中，用某种方法去防止系统进入不安全状态，从而避免发生死锁。这种方法只需要事先施加较弱的限制条件，便可获得较高的资源利用率及系统吞吐量，但在实现上有一定的难度。目前在较完善的系统中常用此方法来避免发生死锁。

④检测死锁。这种方法并不需要事先采取任何限制性措施，也不必检

查系统是否已经进入不安全区，而是允许系统在运行过程中发生死锁。但可通过系统所设置的检测机构，及时地检测出死锁的发生，并精确地确定与死锁有关的进程和资源；然后采取适当措施，从系统中将已发生的死锁清除掉。

⑤解除死锁。这是与检测死锁相配套的一种措施。当检测到系统中已发生死锁时，须将进程从死锁状态中解脱出来。常用的实施方法是撤销或挂起一些进程，以便回收一些资源，再将这些资源分配给已处于阻塞状态的进程，使之转为就绪态，以继续运行。死锁的检测和解除措施有可能使系统获得较好的资源利用率和吞吐量，但在实现上难度也最大。

（四）死锁的预防

预防死锁的方法是使四个必要条件中的第二至第四个条件之一不能成立，来避免发生死锁。至于必要条件中之第一，因为它是由设备的固有特性所决定的，不仅不能改变，还应加以保证。

1. 静态分配策略

所谓静态分配，是指一个进程必须在执行前就申请它所要的全部资源，并且直到它所要的资源都得到满足后才开始执行。无疑所有并发执行的进程要求的资源总和不超过系统拥有的资源数。采用静态分配后，进程在执行中不再申请资源，因而不会出现占有了某些资源再等待另一些资源的情况，即破坏了第二个条件（占有和等待条件）的出现。静态分配策略实现简单，被许多操作系统采用。但这种策略严重降低了资源利用率，因为在每个进程所占有的资源中，有些资源在进程较后的执行时间里才使用，甚至有些资源在例外的情况下被使用。这样，就可能造成一个进程占有了一些几乎不用的资源而使其他想用这些资源的进程产生等待。

2. 层次分配策略

层次分配策略将阻止第四个条件（循环等待条件）的出现。在层次分配策略下，资源被分成多个层次，一个进程得到某一层的一个资源后，它只能再申请较高一层的资源；当一个进程要释放某层的一个资源时，必须先释放所占用的较高层的资源；当另一个进程获得了某一层的一个资源后，它想再申请该层中的另一个资源，那么必须先释放该层中的已占资源。

这种策略的一个变种是按序分配策略。把系统的所有资源排列成一个顺序，例如，系统若共有 n 个进程，共有 m 个资源，用 i 表示第 i 个资源，于是这 m 个资源是：

$$R1，R2，\cdots，Rm$$

规定进程不得在占用资源 Ri（ 1≤i≤m ）后再申请 Rj（ j＜i ）。不难证明，按这种策略分配资源时系统不会发生死锁。

层次分配比静态分配在实现上要多花一点代价，但它提高了资源使用率。然而，如果一个进程使用资源的次序和系统内规定各层资源的次序不同时，这种提高可能不明显。假如系统中的资源从高到低按序排列为：卡片输入机、行式打印机、卡片输出机、绘图仪和磁带机。若一个进程在执行中，较早地使用绘图仪，而仅到快结束时才用磁带机。但是系统规定，磁带机所在层次低于绘图仪所在层次。这样进程使用绘图仪前就必须先申请到磁带机，这台磁带机就在一长段时间里空闲着直到进程执行到结束前才使用，这无疑是低效率的。

（五）死锁的避免

破坏死锁的四个条件之一能防止系统发生死锁，但这会导致低效的进程运行和资源使用率。死锁的避免则相反，它允许系统中同时存在四个必要条件，如果能掌握并发进程中与每个进程有关的资源动态申请情况，在资源申请时做出合理的选择，仍然可以避免死锁的发生。即在为申请者分配资源前先测试系统状态，若把资源分配给申请者会产生死锁，则拒绝分配；否则接受申请，为它分配资源。死锁避免是通过对每一次资源申请进行分析来判断它是否能安全地分配，这个算法是银行家算法。

1.单种资源的银行家算法

银行家算法模型是基于一个小城镇的银行家，现将该算法描述如下：假定一个银行家拥有资金，数量为 Σ，被 N 个客户共享。银行家对客户提出下列约束条件：

①每个客户必须预先说明自己所要求的最大资金量。

②每个客户每次提出部分资金量申请和获得分配。

③如果银行满足了客户对资金的最大需求量，那么客户在资金运作后，应在有限时间内全部归还银行。

只要每个客户遵守上述约束，银行家将保证做到：若一个客户所要求的最大资金量不超过 Σ，则银行一定接纳该客户，并可处理他的资金需求；

银行在收到一个客户的资金申请时，可能因资金不足而让客户等待，但保证在有限时间内让客户获得资金。

在银行家算法中，客户可看作进程，资金可看作资源，银行可看作操作系统，这里叙述的是单资源银行家算法，还可以扩展到多资源银行家算法。

一个状态被称为是安全的，其条件是存在一个状态序列能够使所有的客户均得到其所有的贷款（即所有的进程得到所需的全部资源并终止）。如果所有的客户都申请，希望得到最大贷款额，而银行家无法满足其中任何一个的要求，则发生死锁。不安全状态并不一定导致死锁，而仅仅是可能产生死锁，因为客户未必需要其最大贷款额度，但银行家不敢抱这种侥幸心理。

银行家算法就是对每一个请求进行检查，检查这次资源申请是否会导致不安全状态。若是，则不满足该请求；否则，便满足该请求。检查状态安全的方法是看他是否有足够的资源满足一个距最大需求最近的客户。如果可以，则这笔投资认为是能够收回的，接着检查下一个距最大需求最近的客户，如此反复下去。如果所有投资最终都被收回，则该状态是安全的，最初的请求可以批准。

2. 多种资源的银行家算法

将安全状态检测类推到多种资源的银行家算法中，检查一个状态是否安全的步骤如下：

①查找右边矩阵是否有一行，其未被满足的设备数均小于或等于向量 A。如果找不到，则系统将死锁，因为任何进程都无法运行结束。

②若找到这样一行，则可以假设它获得所需的资源并运行结束，将该进程标记为结束，并将资源加到向量 A 上。

③重复以上两步，直到所有的进程都标记为结束。若达到所有进程结束，则状态是安全的，否则将发生死锁。

如果在第一步中同时存在若干进程均符合条件，则不管挑选哪一个运行都没有关系，因为可用资源或者将增多，或者在最坏情况下保持不变。图中所示的状态是安全的，进程 B 现在再申请一台打印机，可以满足它的请求，而且保持系统状态仍然是安全的（进程 D 可以结束，然后是 A 或 E，剩下的进程最后结束）。假设进程 B 获得一台打印机后，E 试图获得最后的一台打印机，若分配给 E，可用资源向量将减到（1000），这时将导致死锁。显然 E 的请求不能立即满足，必须延迟一段时间。

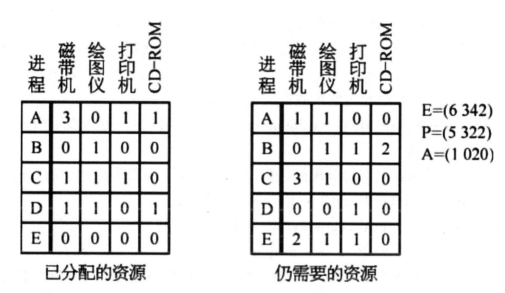

图 3-1 多种资源的银行家算法

3. 相关数据结构及算法流程

（1）银行家算法中的数据结构

①可利用资源向量 Available。这是一个含有 m 个元素的数组，其中的每一个元素代表一类可利用的资源数目，其初始值是系统中所配置的该类全部可用资源的数目，其数值随该类资源的分配和回收而动态地改变。如果 Available[j]=K，则表示系统中现有 R 类资源 K 个。

②最大需求矩阵 Max。这是一个 n×m 矩阵，它定义了系统中 n 个进程中的每一个进程对 m 类资源的最大需求。如果 Max[i，j]=K，则表示进程 i 需要 R_j 类资源的最大数目为 K。

③分配矩阵 Allocation。这也是一个 n×m 矩阵，它定义了系统中每一类资源当前已分配给每一进程的资源数。如果 Allocation[i，j]=K，则表示进程 i 当前已分得 R_j 类资源的数目为 K。

④需求矩阵 Need。这也是一个 n×m 矩阵，用以表示每一个进程尚需的各类资源数。如果 Need[i，j]=K，则表示进程 i 还需要 R_j 类资源 K 个，方能完成其任务。

上述三个矩阵间存在下述关系：

Need[i，j]=Max[i，j] — Allocation[i，j]

（2）银行家算法流程

设 Request i 是进程 Pi 的请求向量，如果 Request i[j]=K，表示进程 Pi 需要 K 个 Rj 类型的资源。当 Pi 发出资源请求后，系统按下述步骤进行检查：

①如果 Request i[j] ≤ Need[i，j]，便转向步骤②；否则认为出错，因为它所需要的资源数已超过它所宣布的最大值。

②如果 Request i[j] ≤ Available[j]，便转向步骤③；否则表示尚无足够资源，Pi 须等待。

③系统试探着把资源分配给进程 Pi，并修改下面数据结构中的数值：

Available[j]=Available[j] — Request [i]；

Allocation[i，j]=Allocation[i，j] ＋ Request i[j]；

Need[i，j]: =Need[i，j] — Request i[j]；

④系统执行安全性算法，检查此次资源分配后系统是否处于安全状态。若安全，才正式将资源分配给进程 Pi，以完成本次分配；否则，将本次的试探分配作废，恢复原来的资源分配状态，让进程 Pi 等待。

（3）安全性算法

①设置两个向量：

a. 工作向量 Work，它表示系统可提供给进程继续运行所需的各类资源数目，它含有 m 个元素，在执行安全算法开始时，Work=Available。

b.Finish，它表示系统是否有足够的资源分配给进程，使之运行完成。开始时先做 Finish[i]=false；当有足够资源分配给进程时，再令 Finish[i]=true。

②从进程集合中找到一个能满足下述条件的进程：

Finish[i]=false。

Need[i，j] ≤ Work[j]；若找到，执行步骤③；否则，执行步骤④。

③当进程 Pi 获得资源后，可顺利执行，直至完成，并释放出分配给它的资源，故应执行：

Work[j]=Work[j] ＋ Allocation[i，j]；

Finish[i]=true；

go to step 2；

④如果所有进程的 Finish[i]=true 都满足，则表示系统处于安全状态；否则，系统处于不安全状态。

（六）死锁的检测及解决

当系统为进程分配资源时，若未采取任何限制性措施，则系统必须提供检测和解除死锁的手段，为此，系统必须做到：①保存有关资源的请求和分配信息；②提供一种算法，利用这些信息来检测系统是否已进入死锁状态。

1. 资源分配图

系统死锁可利用资源分配图（resource allocation graph）来描述。该图是由一组结点 N 和一组边 E 所组成的一个对偶 G=（N，E），它具有下述形式的定义和限制：

①把 N 分为两个互斥的子集，即一组进程节点 P={p1，p2，…，pm} 和一组资源结点 R={r1，r2，…，rn），N=P∪R。

②凡属于 E 中的一个边 e∈E，都连接着 P 中的一个节点和 R 中的一个节点，e={pi，rj} 是资源请求边，由进程 pi 指向资源 rj，它表示进程 pi 请求一个单位的 rj 资源。e={rj，pi} 是资源分配边，由资源 rj 指向进程 pi，它表示把一个单位的资源 rj 分配给进程 pi。

用圆圈代表一个进程，用方框代表一类资源。由于一种类型的资源可能有多个，用方框中的一个点代表一类资源中的一个资源。此时，请求边是由进程指向方框中的 R，而分配边则应始于方框中的一个点。

2. 死锁的检测

可以利用下列步骤运行一个"死锁检测"程序，对进程—资源分配图进行分析和简化，以此方法来检测系统是否处于死锁状态：

①如果进程资源分配图中无环路，则此时系统没有发生死锁。

②如果进程—资源分配图中有环路，且每个资源类中仅有一个资源，则系统中发生了死锁，环路中的进程便为死锁进程。

③如果进程—资源分配图中有环路，且涉及的资源类中有多个资源，则环路的存在未必会发生死锁。如果能在进程—资源分配图中找出一个既不阻塞又非独立的进程，它在有限的时间内有可能获得所需资源类中的资源继续执行，直到运行结束，再释放其占有的全部资源。相当于消去了图中此进

程的所有请求边和分配边，使之成为孤立节点。接着可使进程资源分配图中另一个进程获得前面进程释放的资源继续执行，直到完成又释放出它所占用的所有资源，相当于又消去了图中若干请求边和分配边。如此下去，经过一系列简化后，若能消去图中所有边，使所有进程成为孤立节点，则该图是可完全简化的；否则则称该图是不可完全简化的。系统为死锁状态的充分条件是：当且仅当该状态的进程—资源分配图是不可完全简化的。

3.死锁的解除

当发现有进程死锁时，便应立即把它们从死锁状态中解脱出来。常采用解除死锁的两种方法是：

①剥夺资源。从其他进程剥夺足够数量的资源给死锁进程，以解除死锁状态。

②撤销进程。最简单的撤销进程的方法是使全部死锁进程都夭折，稍微温和一点的方法是按照某种顺序逐个地撤销进程，直至有足够的资源可用，使死锁状态消除为止。在出现死锁时，可采用各种策略来撤销进程。例如，为解除死锁状态所需撤销的进程数目最小；或者撤销进程所付出代价最小等。

二、线程

在 OS 中一直都是以进程作为能拥有资源和独立运行的基本单位的。直到 20 世纪 80 年代中期，人们提出了比进程更小的能独立运行的基本单位——线程（threads），试图用它来提高系统内程序并发执行的程度，从而可进一步提高系统的吞吐量。

（一）线程的引入

在传统的操作系统中，进程是系统进行资源分配的基本单位，按进程为单位分给存放其映像所需要的虚地址空间、执行所需要的主存空间、完成任务需要的其他各类外围设备资源和文件。同时，进程也是处理器调度的基本单位，进程在任一时刻只有一个执行控制流，通常将这种结构的进程称单线程（结构）进程（single threaded process）。

首先来考察一个文件服务器的例子，当它接收一个文件服务请求后，由于等待磁盘传输而经常被阻塞，假如不阻塞可继续接收新的文件服务请求并进行处理，则文件服务器的性能和效率便可以提高，由于处理这些请求时要共享一个磁盘缓冲区，程序和数据要在同一个地址空间中操作。这一类应用非常多，例如，航空售票系统需要处理多个购票和查询请求，这些信息都与同一个数据库相关；而操作系统在同时处理许多用户进程的查询请求时，都要去访问数据库所在的同一个磁盘。对于上述这类基于同数据区的同时多请求应用，用单线程结构的进程难以达到这一目标，即使能解决问题代价也非常高，需要寻求新概念、提出新机制。随着并行技术、网络技术和软件设计技术的发展，给并发程序设计效率带来了一系列新的问题，主要表现在：

①进程时空的开销大，频繁的进程调度将耗费大量处理器时间，要为每个进程分配存储空间限制了操作系统中进程的总数。

②进程通信的代价大，每次通信均要涉及通信进程之间或通信进程与操作系统之间的信息传递。

③进程之间的并发性粒度较粗，并发度不高，过多的进程切换和通信延迟使得细粒度的并发得不偿失。

④不适合并行计算和分布并行计算的要求。对于多处理器和分布式的计算环境来说，进程之间大量频繁的通信和切换，会大大降低并行度。

⑤不适合客户/服务器计算的要求。对于客户/服务器结构来说，那些需要频繁输入输出并同时大量计算的服务器进程（如数据库服务器、事务监督程序）很难体现效率。

这就迫切要求操作系统改进进程结构，提供新的机制，使应用能够按照需求在同一进程中设计出多条控制流，多控制流之间可以并行执行，多控制流切换不需通过进程调度；多控制流之间还可以通过内存区直接通信，降低通信开销。这就是近年来流行的多线程（结构）进程（multiple threaded process）。如果说操作系统中引入进程的目的是使多个程序能并发执行，以改善资源使用率和提高系统效率，那么在操作系统中再引入线程，则是为了减少程序并发执行时所付出的时空开销，使得并发性粒度更细、并发性更好。这里解决问题的基本思路是：把进程的两项功能——"独立分配资源"与"被调度分派执行"分离开来，前一项任务仍由进程完成，它作为系统资源分配和保护的独立单位，不需要频繁地切换；后一项任务交给称为线程的实体来完成，它作为系统调度和分派的基本单位，会被频繁地调度和切换，在这种指导思想下，产生了线程的概念。

（二）线程的基本概念

1.线程与进程的比较

线程具有许多传统进程所具有的特征，所以又称为轻型进程（light-weight process）或进程元，相应地把传统进程称为重型进程（heavy-weight process），传统进程相当于只有一个线程的任务。在引入了线程的操作系统中，通常一个进程都拥有若干个线程，至少也有一个线程。下面从调度性、并发性、拥有资源和系统开销等方面对线程和进程进行比较。

（1）调度性

在传统的操作系统中，作为拥有资源的基本单位和独立调度、分派的基本单位都是进程。而在引入线程的操作系统中，则把线程作为调度和分派的基本单位，而进程作为资源拥有的基本单位，把传统进程的两个属性分开，使线程基本上不拥有资源，这样线程便能轻装前进，从而可显著地提高系统的并发程度。在同一进程中，线程的切换不会引起进程的切换，但从一个进程中的线程切换到另一个进程中的线程时，将会引起进程的切换。

（2）并发性

在引入线程的操作系统中，不仅进程之间可以并发执行，而且在一个进程中的多个线程之间亦可并发执行，使得操作系统具有更好的并发性，从而能更加有效地提高系统资源的利用率和系统的吞吐量。例如，在一个未引入线程的单 CPU 操作系统中，若仅设置一个文件服务进程，当该进程由于某种原因而被阻塞时，便没有其他的文件服务进程来提供服务。在引入线程的操作系统中，则可以在一个文件服务进程中设置多个服务线程。当第一个线程等待时，文件服务进程中的第二个线程可以继续运行，以提供文件服务；当第二个线程阻塞时，则可由第三个继续执行，提供服务。显然，这样的方法可以显著地提高文件服务的质量和系统的吞吐量。

（3）拥有资源

不论是传统的操作系统，还是引入了线程的操作系统，进程都可以拥有资源，是系统中拥有资源的一个基本单位。一般而言，线程自己不拥有系统资源（也有一点必不可少的资源），但它可以访问其隶属进程的资源，即一个进程的代码段、数据段及所拥有的系统资源，如已打开的文件、I/O 设备等，可以供该进程中的所有线程所共享。

（4）系统开销

在创建或撤销进程时，系统都要为之创建和回收 PCB，分配或回收资源，如内存空间和 I/O 设备等，操作系统所付出的开销明显大于线程创建或撤销时的开销。类似地，在进程切换时，涉及当前进程 CPU 环境的保存及新被调度运行进程的 CPU 环境的设置，而线程的切换则仅需保存和设置少量寄存器内容，不涉及存储器管理方面的操作，所以就切换代价而言，进程也是远高于线程的。此外，由于一个进程中的多个线程具有相同的地址空间，在同步和通信的实现方面线程也比进程容易。在一些操作系统中，线程的切换、同步和通信都无须操作系统内核的干预。

2. 线程的属性

在多线程 OS 中，通常是在一个进程中包括多个线程，每个线程都是作为利用 CPU 的基本单位，是花费最小的实体。线程具有下述属性：

（1）轻型实体

线程中的实体基本上不拥有系统资源，只是有一点必不可少的、能保证其独立运行的资源。比如，在每个线程中都应具有一个用于控制线程运行的线程控制块（Threaded Control Block，TCB），用于指示被执行指令序列的程序计数器，保留局部变量、少数状态参数和返回地址等的一组寄存器和堆栈。

（2）独立调度和分派的基本单位

在多线程 OS 中，线程是能独立运行的基本单位，因而也是独立调度和分派的基本单位。由于线程很"轻"，故线程的切换非常迅速且开销小。

（3）可并发执行

在一个进程中的多个线程之间可以并发执行，甚至允许在一个进程中的所有线程都能并发执行；同样，不同进程中的线程也能并发执行。

（4）共享进程资源

在同一进程中的各个线程都可以共享该进程所拥有的资源，这首先表现在所有线程都具有相同的地址空间（进程的地址空间）。这意味着线程可以访问该地址空间中的每一个虚地址；此外，还可以访问进程所拥有的已打开文件、定时器、信号量机构等。

3.线程的状态

与进程类似，线程也有生命周期，因此，也存在各种状态。从调度需要来说，线程的关键状态有运行、就绪和等待。另外，线程的状态转换也类似于进程。由于线程不是资源的拥有单位，挂起状态对线程是没有意义的，如果一个进程挂起后被对换出主存，则它的所有线程因共享了进程的地址空间，也必须全部对换出去。可见由挂起操作引起的状态是进程级状态，不作为线程级状态。类似地，进程的终止会导致进程中所有线程的终止。

进程中可能有多个线程，当处于运行态的线程执行中要求系统服务，如执行一个 I/O 请求而成为等待态时，那么多线程进程中，是不是要阻塞整个进程，即使这时还有其他就绪的线程？对于某些线程实现机制，所在进程也转换为阻塞态；对于另一些线程实现机制，如果存在另外一个处于就绪态的线程，则调度该线程处于运行状态，否则进程才转换为等待态。显然前一种做法欠妥，丢失了多线程机制的优越性，降低了系统的灵活性。

多线程进程的进程状态是怎样定义的？由于进程不是调度单位，不必划分成过细的状态，如 Windows 操作系统中仅把进程分成可运行态和不可运行态，挂起状态属于不可运行态。

（三）线程管理和线程库

多线程技术是利用线程库来提供一整套有关线程的原语集来支持多线程运行的，有的操作系统直接支持多线程，而有的操作系统不支持多线程。因此，线程库可以分成两种：用户空间中运行的线程库和内核中运行的线程库。一般地说，线程库至少应提供以下功能的原语调用：孵化、封锁、活化、结束、通信、同步、互斥等，以及切换（保护和恢复线程上下文）的代码，调度（对线程的调度算法及实施处理器调度）的代码。同时应提供一组与线程有关的应用程序编程接口 API，支持应用程序创建、调度、撤销和管理线程的运行。

基本的线程控制原语有：

①孵化（spawn）：又称创建线程。当一个新进程被生成后，该进程的一个线程也就被创建。此后，该进程中的一个线程可以孵化同一进程中的其他线程，并为新线程提供指令计数器和参数。一个新线程还将被分配寄存器上下文和堆栈空间，并将其加入就绪队列。

②封锁（block）：又称线程阻塞或等待。当一个线程等待一个事件时，将变成阻塞态，保护它的用户寄存器、程序计数器和堆栈指针等现场。处理器现在就可以转向执行其他就绪线程。

③活化（unblock）：又称恢复线程。当被阻塞线程等待的事件发生时，线程变成就绪态或相应状态。

④结束（finish）：又称撤销线程。当一个线程正常完成时，便回收它占有的寄存器和堆栈等资源，撤销线程 TCB。当一个线程运行出现异常时，允许强行撤销一个线程。

对于在用户空间运行的线程库，由于它完全在用户空间中运行，操作系统内核对线程库不可见，而仅仅知道管理的是一般的单线程进程。这种情况下，线程库起到一个微内核的作用，实质上是多线程应用程序的开发和运行支撑环境。优点是：节省了内核的宝贵资源，减少内核态和用户态之间的切换，因而线程库的运行开销小效率高；容易按应用特定需要选择进程调度算法，也就是说，线程库的线程调度算法与操作系统的低级调度算法是无关的，能运行在任何操作系统上。缺点是：当线程执行一个系统调用时，不仅该线程被阻塞，而且，进程内的所有线程会被阻塞，这种多线程应用就不能充分利用多处理器的优点。在内核中运行的线程库，则是通过内核来管理线程库的。内核中不但要保存进程的数据结构，也要建立和维护线程的数据结构及保存每个线程的入口，线程管理的所有工作由操作系统内核来实现。由内核专门提供一组应用程序编程接口（API），供开发者开发多线程应用程序。优点是：能够调度同一进程中多个线程同时在处理器上并行执行，充分发挥多处理器的能力，若进程中的一个线程被阻塞了，内核能调度同一进程的其他线程占有处理器运行，也可以调度其他进程中的线程运行。缺点是：在同一进程中，控制权从一个线程传送到另一个线程时需要用户态—内核态—用户态的模式切换，系统开销较大。

近年来，已出现了具有支持多线程运行的微处理器体系结构，称为超线程技术。如 Intel 公司发布的新一代奔腾 4 处理器，是具有超线程技术的微处理器。它的微处理器包含两个逻辑上独立的微处理器，能够同时执行两个独立的线程代码流。每个均可被单独启停、中断和被调度执行特定的线程，而不会影响芯片上另一个逻辑上独立的处理器共享微处理器内核的执行资源，包括引擎、高速 cache、总线接口和固件等。

（四）线程的实现

从实现的角度看，线程可以分成用户级线程（如 POSIX 的 P-threads、Java 的线程库）和内核级线程（如 Windows 2000/XP、OS/2 和 Mach 的 C-thread），分别在用户空间和核心空间实现。也有一些系统（如 Solaris）提供了组合式线程，同时支持两种线程实现。

1. 内核级线程

在纯内核级线程设施中，线程管理的所有工作由操作系统内核来做。内核专门提供了一个 KLT 应用程序设计接口（API），供开发者使用，应用程序区不需要有线程管理的代码。Windows 2000/XP 和 OS/2 都是采用这种方法的例子。任何应用都可以被程序设计成多个线程，当提交给操作系统执行时，内核为它创建一个进程和一个线程，线程在执行中可以通过内核创建线程原语来创建其他线程，这个应用的所有线程均在一个进程中获得支持。内核要为整个进程及进程中的单个线程维护现场信息，所以，应在内核空间中建立和维护 PCB 及 TCB，内核的调度是在线程的基础上进行的。

这一方法有两个主要优点：首先，在多处理器上，内核能够同时调度同一进程中多个线程并行执行；其次，若进程中的一个线程被阻塞了，内核能调度同一进程的其他线程占有处理器运行，也可以运行其他进程中的线程。由于内核线程仅有很小的数据结构和堆栈，KLT 的切换比较快，内核自身也可以用多线程技术实现，从而能提高系统的执行速度和效率。

KLT 的主要缺点是：应用程序线程在用户态运行，而线程调度和管理在内核实现，在同一进程中，控制权从一个线程传送到另一个线程时需要用户态—内核态—用户态的模式切换，系统开销较大。

2. 用户级线程

纯用户级线程设施中，线程管理的全部工作都由应用程序来做，在用户空间内实现，内核是不知道线程的存在的。用户级多线程由用户空间运行的线程库来实现，任何应用程序均需通过线程库进行程序设计，再与线程库连接后运行来实现多线程。线程库是一个 ULT 管理的例行程序包，在这种情况下，线程库是线程的运行支撑环境。

当一个应用程序提交给系统后，系统为它建立一个由内核管理的进程，该进程在线程库环境下开始运行时，只有一个由线程库为进程建立的线程。运行这个线程，当应用进程处于运行态时，线程通过调用线程库中的"孵化"过程，可以孵化出运行在同一进程中的新线程，步骤如下：通过过程调用把控制权传送给"孵化"过程，由线程库为新线程创建一个 TCB 数据结构，并置为就绪态，然后，按一定的调度算法把控制权传递给该进程中处于就绪态的一个线程。当控制权传送到线程库时，当前线程的现场信息应被保存，而当线程库调度一个线程执行时，便要恢复它的现场信息。现场信息主要包括用户寄存器内容、程序指令计数器和堆栈指针。当线程运行，执行系统调用，导致它挂起并进入等待态时，线程库代码会寻找一个就绪态线程来执行，这时将进行线程上下文切换，而新线程被激活。

上述活动均发生在用户空间，且在单个进程中，内核并不知道这些活动。内核按进程为单位调度，并赋予一个进程状态（就绪、运行、阻塞等）。下面的例子清楚地表明了线程调度和进程调度之间的关系。假设进程 B 正在执行它的线程 2，则可能出现下列情况：

①正在执行的进程 B 的线程 2 发出了一个封锁进程 B 的系统调用，例如，做了一个 I/O 操作。这导致控制转移到内核，内核启动 I/O 操作，把进程 B 被置为阻塞态，并切换到另一个进程。按照由线程库所维护的数据结构，进程 B 的线程 2 仍然处在运行态。十分重要的是，线程 2 的运行并不是真正意义上的被处理器执行，而是可理解为在线程库的运行态中。这时，进程 B 中的其他线程尽管有的处于可运行的就绪态，但因进程 B 被阻塞而也都被阻塞了。

②一个时钟中断传送控制给内核，内核中止当前时间片用完的进程 B，并把它放入就绪队列，切换到另一个就绪进程，此时，由于进程 B 中的线程 2 正在运行，按由线程库维护的数据结构，进程 B 的线程 2 仍处于运行态，进程 B 却已处于就绪态。

③线程 2 执行到某处，它需要进程 B 的线程 1 的某些操作。于是让线程 2 变成阻塞态，而线程 1 从就绪态转为运行态，注意进程始终处在运行态。

上述前两种情况中，当内核切换控制权返回到进程 B 时，便恢复原来断点现场，线程 2 继续执行。注意到当正在执行线程库中的代码时，一个进程也有可能由于时间片用完或被更高优先级的进程剥夺而被中断。当中断发生时，一个进程可能正处在从一个线程切换到另一个线程的过程中间；当一个进程恢复时，继续在线程库中执行，完成线程切换，并传送控制权给进程中的一个新线程。使用 ULT 代替 KLT 有许多优点：

①线程切换不需要内核特权方式，因为所有线程管理数据结构均在单个进程的用户空间中，管理线程切换的线程库也在用户地址空间运行，因而进程不要切换到内核方式来做线程管理。这不仅节省了模式切换的开销，也节省了内核的宝贵资源。

②按应用特定需要允许进程选择调度算法，一种应用可能从简单轮转调度算法得益，同时，另一种应用可能从优先级调度算法获得好处。在不干扰操作系统调度的情况下，根据应用需要可以裁剪调度算法，也就是说，线程库的线程调度算法与操作系统的低级调度算法是无关的。ULT 能运行在任何操作系统上，内核在支持 ULT 方面不需要做任何改变。线程库是可以被所有应用共享的应用级实用程序，许多当代操作系统和语言均提供了线程库，传统 UNIX 并不支持多线程，但已有了多个基于 UNIX 的用户线程库。

与 KLT 相比，ULT 有两个明显的缺点：

①在传统的基于进程操作系统中，大多数系统调用将阻塞进程，因此，当线程执行一个系统调用时，不仅该线程被阻塞，而且进程内的所有线程会被阻塞。而在 KLT 中，这时可以去选择另一个线程运行。

②在纯 ULT 中，多线程应用不能利用多重处理的优点。内核在一段时间里，分配一个进程仅占用一个 CPU，因而进程中仅有一个线程能执行。因此，尽管多道程序设计能够明显地加快应用处理速度，也具备了在一个进程中进行多线程设计的能力，但通常不可能得益于多线程并发地执行。

克服上述问题的方法有两种。一是用多进程并发程序设计来代替多线程并发程序设计，这种方法事实上放弃了多线程带来的所有优点，每次切换变成了进程而非线程切换，导致开销过大。二是采用护套技术（jacketing）来解决阻塞线程的问题。主要思想是：把阻塞式的系统调用改造成非阻塞式的系统调用，当线程调用系统调用前，首先调用 jacketing 实用例程，来检查 I/O 设备使用情况。如果忙碌，该线程进入就绪态并把控制权传递给另一个线程，当这个线程后来又重新得到控制权时，再一次调用 jaketing 例程检查 I/O 设备。

3. 组合式线程

有些操作系统提供了组合式 ULT/KLT 线程，Solaris 便是一个例子。在组合式线程系统中，内核支持 KLT 多线程的建立、调度和管理，同时也提供线程库，允许用户应用程序建立、调度和管理 ULT。一个应用程序的多个 ULT 映射成一些 KLT，程序员可按应用需要和机器配置调整 KLT 数目，以达到较好效果。

组合式线程中，一个应用中的多个线程能同时在多处理器上并行执行，且阻塞一个线程时并不需要封锁整个进程。如果设计得当，组合式多线程机制能够结合两者优点，并舍去它们的缺点。

第四章 计算机图形图像技术应用

第一节 彩色电视原理和信号类型

一、彩色电视的原理

（一）电视的彩色黑白兼容要求

彩色电视广播（信号）系统通常都是对"黑白电视"兼容的，即黑白电视接收机能接收彩色电视广播，显示黑白图像；彩色电视接收机也能接收黑白电视广播信号，显示黑白图像。正是这种兼容性的要求使得彩色电视系统必须采用与黑白电视系统相同的一些基本参数，如扫描方式、行频、场频（帧频）同步信号、时基标准等。因此，在设计彩色电视系统时，就必须考虑构成一个彩色黑白兼容的彩色电视信号系统。

（二）彩色电视系统与彩色图像重现

彩色电视系统是根据色光三基色原理来再现彩色图像的。因为按照色光三基色原理，任何一种色光颜色都可以用 R，G，B 三个彩色分量按一定的比例混合得到，或者说一束白光总能分解为 R，G，B 三个彩色分量。利用这一原理，加上人们对人眼的彩色视觉特性的研究，彩色电视系统在发送端主要采用了 R，G，B 分光原理和"大面积着色原理"来完成彩色图像的重现。利用这些原理，我们基本上可以模拟（仿造）出自然界的各种彩色，进而让我们从屏幕上获得了一种与原景物相同的色彩感觉和相对的保真度。

（三）大面积着色原理

"大面积着色原理"是利用人眼对颜色细节分辨力远低于亮度细节的分辨力这一特性，从压缩频带的要求出发，在电视的发送端用三个基色信号来合成亮度信息，并单独用 6 MHz 宽带传输，留下的纯色度信息则用

1 ～ 1.5MHz 窄带传送。而在接收端使亮度信息与色度信息合并，经过处理后复原成三基色信号分别去驱动三个电子枪的阴极。

显然，大面积着色原理是合成复合视频，即全电视信号进行传输必须考虑的技术处理方法。

①亮度信号的形成在兼容制彩色电视信号的传输中，亮度信号是从三个基色信号提取的。我们知道，不同波长的光，人眼的视觉感知强度（亮度感）是不同的。例如，同样强度的黄光与红光，人眼看起来则是黄光较亮。人眼对黄色和绿色感觉最亮，而对红色和蓝色感觉要暗得多。这是因为人眼的视网膜上有两种可以感受光线的细胞：一种称为柱体细胞；另一种称为锥体细胞。前者对光线的明暗极其敏感，主要在暗光下工作，但是难以分辨色彩。锥体细胞则主要在强光下工作。从试验得知，人眼的锥体细胞有三种，分别感受红光、绿光与蓝光。从人眼锥体细胞分别接受红、绿、蓝光出发，科学家经过试验与理论计算证明：红、绿、蓝三种色光按不同比例的混合可以获得任何一种颜色的色光，因此将红、绿、蓝这三种光称为基色光，并将它们作为生成与描述光线颜色的基础。

由于人眼对于各种颜色的亮度感不同，所以在匹配兼容制彩色电视的亮度信号时，就必须按照适合于人眼的特性进行混合。

实验得出，用色光混合一幅自然的黑白图像，其 R，G，B 的相对成分比为

R ∶ G ∶ B=0.2990 ∶ 0.5870 ∶ 0.1143

因此，亮度信号公式，可以近似地表示为

$$E_Y = 0.30E_R + 0.59E_G + 0.11E_B$$

也就是说，应该把摄像机的三个基色电压输出按红光通道（R）为30%，绿光通道（G）为59%，蓝光通道（B）为11%进行调整，其叠加合成后就可得到亮度信号电压。在兼容制彩色电视中，上式被称作"恒定亮度公式"。

②频谱间置与色副载波在兼容制彩色电视信号的传输中，除了亮度信号（Y）之外，还需传送两个代表色度信号的色差信号（R-Y）和（B-Y）。这种对信号的处理可以避免色通道的杂波对亮度信息的窜扰。同时，使"大

面积着色原理"的设计思想得以实现。

实际上,在兼容制彩色电视中,被传送的两个色差信号(R–Y)和(B–Y)是先调制到所谓的色副载波上,然后利用频谱间置原理与亮度信号混合,并形成"复合视频"之后才进行射频调制发射的。

频谱间置原理是在分析了射频频率资源和能量结构的基础上提出来的。因为兼容制彩色电视信号是通过扫描拾取下来的,它既是空间的函数又是时间的函数。由于时间上相继两行十分相似,所以,获得的信号具有很大的相关性和周期性。这种周期性的亮度信号能量分布是不连续的。

能量主要集中在若干主谱线的左右,而各主谱线则以行频为间距进行排列,而且频率越高,能量越小,其相邻两频带的空隙也越大。这就为把色度信号的信息用适当的方式插入这些空隙中提供了可能性。

目前的各种兼容制电视系统,正是利用了这种原理。选择一个所谓色副载波,以适当的方式被两个色差信号(R–Y)和(B–Y)所调制,然后与亮度信号相混合。只要色副载波的频率选择合适,就可以使已调波所形成的边带频率的谱线正好落在亮度信号的各谱线空隙间。

③色副载波与平衡正交调制。关于色副载波的频率选择及调制方式,在不同的彩色电视制式中有所不同。标准的 PAL 制中,色副载波频率选择为 4.43MHz(NTSC 制为 3.58MHz)。这样就可以使色差信号的频谱正好插入到亮度信号频谱空隙之中,实现频谱间置。同时,为了使两个色差信号(R–Y)和(B–Y)同时调制在一个色副载波上而且互不干涉,使用了平衡正交调制方法,也就是(R–Y)色差信号对副载波进行平衡调幅,(B–Y)色差信号对副载波进行平衡调幅。

4. 彩色电视的扫描特性

在电子电视系统(模拟)中,摄像端是通过电子束扫描将图像信息转化为对应的随时间变化的电信号(随光强变化的电子束流);在接收端,又是以电子束扫描(强弱变化的电子束流激发荧光物质发光)的方式呈现图像信息的。在这些过程中,扫描方式和时基标准必须做到完全对应且一致。

目前,电视扫描分为逐行扫描和隔行扫描两种。

①逐行扫描。在逐行扫描中,电子束从屏幕的左上角一行接一行地扫描到右下角,在屏幕上扫一遍就显示一幅完整的图像。

②隔行扫描。在隔行扫描中，电子束扫完第一行后回到第三行开始位置接着扫，然后在5，7等奇数行上扫，奇数行扫完后，接着扫偶数2，4……这样就完成了一帧图像的扫描。

很显然，隔行扫描的一帧图像由两部分组成：一部分是奇数场（由奇数行构成的），另一部分是偶数场（由偶数行构成的），两场合起来组成一帧。值得注意的是，在隔行扫描中，扫描行数必须是奇数。第一场（奇数场）扫描总行数的一半，并以半行结束于屏幕下方中央。第二场（偶数场）从屏幕上方中央开始扫描，并以整行结束于屏幕右下角。

（二）彩色电视信号的组成

1.PAL制式彩色全电视信号的组成

彩色全电视信号除含有与黑白电视相同的图像亮度、复合同步、复合消隐及均衡脉冲外，还含有彩色信号的色度信号与保证彩色稳定的色同步信号。从严格意义上讲，PAL制彩色电视信号是通过扫描拾取的，按照隔行扫描原理，每扫描一帧画面应该为一个扫描周期。

我国在彩色电视制式中规定：负极性亮度信号仍以扫描同步电平最高，为100％，黑色电平即消隐电平为72.5％～77.5％，白色电平为10％～12.5％。色度信号电平叠加在亮度信号电平上，它们叠加后的复合信号波形，与扫描所需的行、场同步信号，色同步信号以及消隐信号共同构成了彩色全电视信号。

2. 高频电视信号（射频）与复合视频

为了能够在空中传播电视信号，必须把全电视信号（复合视频）和音频一起调制成高频电视信号，也就是我们通常所说的射频（Radio Frequency，RF）信号。电视机在接收到某一频道的高频信号后，要把全电视信号和音频信号分别从高频信号中解调出来，才能在屏幕上重现视频图像和声音。

电视调制发射中，图像信号通常采用幅度调制，即用全电视信号作为调制信号对载波进行幅度调制。这样调制输出的已调波的波形包络将正比于全电视信号的幅度。

在无线电射频频段，通常每个电视信号占用一个频道（我国规定大约8MHz带宽），这样才能在空中同时传播多路电视节目而不会导致混乱。目前，我国电视信号频带占用48.5～960 MHz的信道范围。其中，细分为三段（48.8 ~ 88.8MHz，160 ~ 223MHz，443 ~ 960MHz）容纳 69 个左右的电视频道。有线电视（Cable Television，CATV）的工作方式与其类似，只是它通过电缆传输而不是通过空中传播高频电视信号。

（三）彩色电视信号的类型

彩色电视信号在未进行高频调制发射之前，一般可以称作基带模拟视频。电视基带视频有三种视频格式：复合视频（composite video）也就是彩色全电视信号、亮色分离视频（s-video）和分量视频（YUV video）。其中，复合视频在模拟视频时代是一种标准视频格式。

1. 复合视频

复合视频是一种使用一条同轴电缆就可以直接连接到电视监视器还原出影像的全电视信号。同时，它还可以分别通过磁带录像机直接记录，或者通过电视调制发射和传输的模拟电信号。它是各种视频媒体设备接驳的最主要接口之一。通常使用同轴电缆通过 BNC 型、RCA 型或 F 型接插件连接。

2. 亮色分离视频

亮色分离视频是另外一种通过使用 s-video 端子连接到电视监视器还原出影像的信号接口。它是分量模拟电视信号和复合模拟电视信号的一种折中方案，即两个色差号作平衡正交调制，形成一个独立的色度信号。但是，色度信号不与亮度信号叠加，而是单独传送。亮色分离视频一般在家用的 VHS 视频系统中使用。亮色分离视频需使用多芯电缆传输，其中，一条传送亮度信号，一条传送色度信号，一条公共地端和屏蔽网。亮色分离视频通常使用 4 针连接器（s-video 端子）连接。现在，越来越多的多媒体环境都已经把 S 端子输入、输出的亮色分离模式作为标准配置来装备。

3. 分量视频

分量视频是一种使用 3 条同轴电缆，通过 3 个 BNC 型（或 RCA 型）端子连接到分量电视监视器还原出影像的一种视频信号种类。分量视频与电视制式密切相关，不同的电视制式有不同的分量形式，PAL 制式分量是 YUV；NTSC 制式分量是 YIQ。分量视频的优势就在于相对复合视频而言，省去了对图像信号作亮度和色度的副载频调制叠加等环节，这样可以从根本上避免亮色信号的串扰，改善信号失真带来的图像质量劣化。

第二节 彩色电视制式与扫描特性

一、彩色电视制式

从彩色电视系统与彩色图像重现的技术原理来看，国际上由于各个地区、各个国家的政治制度、各个种族的文化习惯、生活习惯等特点，以及人种不同带来的生理视觉差异等因素，各个国家在设计彩色电视系统时，对上述的"亮度合成公式""色差信号提取""色副载波选取及其正交调制类型""扫描方式""同步时基确定"等方面的参数是有所差异的，这就构成了我们平常所讲的"电视制式"。

目前，世界上现行的彩色电视制式有 NTSC 制式、PAL 制式和 SECAM 制式三大制式。在这三大制式下，又派生了很多更具体的制式。NTSC 制式（national television systems committee），也称为正交平衡调幅制。它是 1952 年美国国家电视标准委员会定义的彩色电视广播标准。美国、加拿大等大部分西半球国家，以及日本、韩国、菲律宾等国均采用这种制式。PAL 制式（phase-alternative line），也称为逐行倒相正交平衡调幅制。它是 1962 德国制定的彩色电视制式。PAL 制式克服了 NTSC 制式存在的相位敏感而造成彩色失真的缺点。目前，德国、英国等一些西欧国家，以及中国、朝鲜等国家采用这种制式。SECAM 制式也称为顺序传送彩色与存储制，是法国及东欧国家采用的彩色电视广播制式。

国际上不同制式（NTSC、PAL 和 SECAM 制式）的彩色全电视信号，也就是复合视频信号，其标准是不同的。因此，不同"制式"的视频信号之间是不兼容的，即"单纯 PAL 制式的电视接收机"（监视器）不能接收 NTSC 制式和 SECAM 制式的电视节目，"单纯 NTSC 制式的电视接收机"（监视器）也不能接收 PAL 制式的电视节目。

二、同步扫描特性

（一）同步扫描和同步时基

同步扫描是指在电子电视系统中，摄像机在通过电子束扫描方式将"靶面图像信息"转化为对应的随时间变化的电信号，和显示器通过电子束扫描方式呈现屏幕图像信息的过程中，必须做到同一时刻扫描的几何位置一一对应。为此，必须要求收、发两端行、场扫描都必须同步，即行（场）频相同且每行（场）起始和终止位置及其时刻都相同。这样，行场同步信号中，周期性的同步脉冲前沿或后沿构成的时间间隔就成了相关同步的时间间隔标准，这种标准的时间间隔有时也被称为"同步时基"或"同步时间基准"。

事实上，在电子电视系统（模拟）中，扫描同步通常是在发送端产生标准的行、场"同步时基"信号，一方面，去驱动摄像机的电子束扫描系统；另一方面，把行、场同步信号叠加到随时间变化的图像信号中传送至接收端。行、场同步信号通常也叫行、场同步脉冲。在一帧图像的扫描过程中，每一行都有一个行同步脉冲，用它的上升沿分别控制发送端和接收端行扫描电路的回程起点。由于收发两端都对准行同步前沿，故行扫描频率相同，扫描的起始和终止时刻也相同；同样，每一场都有一个场同步脉冲，使发送端和接收端场扫描电路的回程起点都对准场同步前沿，从而达到场扫描同频同相的目的。

（二）三种制式的扫描特性

目前，三大制式的扫描特性、同步时基、色副载频及其颜色模式如下：

1.PAL 制式电视系统

① 625 行（扫描线）/ 帧，25 帧 / 秒（40ms/ 帧）。

②高宽比为 4 ：3。

③隔行扫描，2 场 / 帧，312.5 行 / 场。

④行脉冲周期为 64μs，水平回扫时间 11.8μs，正程时间为 52.2μs。

⑤场周期为 20ms，垂直回扫时间 =25 行＋ 1 行消隐。每帧实际可视扫描行有 575 行。

⑥色副载频为 4.43MHz。

⑦颜色模式为 YUV。

2.NTSC 制式电视系统

① 525 行（扫描线）/ 帧，30 帧 / 秒（29.97fps，33.37ms/ 帧）。

②高宽比为 4 ：3。

③逐行扫描，525 行 / 帧。

④每帧的开始和结束部分都保留有 20 行扫描线作为控制信息，实际可

视行有 485 行。

⑤行脉冲周期为 $63.55\mu s$，水平回扫时间为 $10\mu s$，正程时间为 $53.5\mu s$。

⑥色副载频为 3.58 MHz。

⑦颜色模式为 YIQ。

3.SECAM 制式电视系统

① 625 行（扫描线）/ 帧，25 帧 / 秒（40ms/ 帧）

②高宽比为 4 ： 3。

③隔行扫描，2 场 / 帧，312.5 行 / 场。

④行脉冲周期为 $64\mu s$，水平回扫时间 $11.8\mu s$，正程时间为 $52.2\mu s$。

⑤场周期为 20ms，垂直回扫时间 =25 行＋ 1 行消隐。每帧实际可视扫描行有 575 行。

⑥颜色模式为 YUV（顺序传送与存储）。

很显然，三大制式的扫描特性，不但在广播电视系统中起着决定性的作用，同样在数字多媒体环境下也有着重要的影响和割不断的联系。

第三节 彩色图像的数字化

一、关于数字化方案

（一）信号上游数字化

"信号上游数字化"方法是指直接从摄像机取得亮度信号和两个色差信号或者从复合视频分离出彩色分量，然后用 3 个 AD 转换器分别对它们数字化。

"信号上游数字化"方案注重在保持制式不变的情况下，用相应的彩色分量信号来表示图像，如用 YUV 或 YIQ 等分量模式表示信号，然后对各个分量分别进行数字化，取得图像数据后进行彩色空间的变换。"信号上游数字化"方案常常用在摄录系统的数字化和数字电视接收机中，如数字分量摄录机、数字分量录像机、数字 DV 摄像机、数字电视接收机或机顶盒等设备中使用。

（二）信号下游数字化

"信号下游数字化"方案是指针对复合视频（彩色全电视信号）用一个高速 A/D 转换器进行数字化，然后在数字域中进行分离，以获得所希望的彩色分量信号。"信号下游数字化"方法有时也被称作"全程数字化"方案，即彩色电视（模拟视频）图像的播出完全在数字化环境中进行，也就是把复合视频用一个高速 AD 转换器进行数字化，然后，经信源编码、信道编码形成适合的码型在数字信道（如数字微波、数字光纤）中传输，在接收端再恢复成彩色电视图像（模拟视频）。

"信号下游数字化"是考虑了广播电视、计算机多媒体、图像通信在内的融合与沟通的数字化方案。正是基于这种融合与沟通的考虑，视频信号的数字化不仅要面对色彩空间的转换、光栅扫描的转换、分辨率的统一等技术问题，而且还要面对图像压缩编码的优化、传输码型的选择、通道带宽自适应与多比特流调整等一系列技术问题。

二、A/D 转换与 D/A 转换

（一）A/D 转换

模拟视频数字化涉及的技术问题较多，但其核心的任务是 A/D 转换和数据压缩编码。A/D 转换就是指对幅值连续变化的模拟视频电信号进行脉冲抽样保持、量化、编码等环节后形成二进制码流的技术处理过程。

通常在数字环境下，8 位二进制被表示为一个"比特"（bit），因此，这个用"0"和"1"表示的二进制码流也被称作"比特流"。这个由"模拟量"变换为"比特流"的技术处理过程通常叫作模数转换（Analogue Digital Converter，A/D 转换）。

假设模拟图像信号是一个幅度从 0 ～ 15 个单位的变化电压。当我们用适当周期的脉冲去对其采样时，电路会在脉冲到来时侦测到对应时刻的模拟电信号波形上的电压并保持住这个电压数值，这样就完成了"采样保持"。采样在某种程度上讲是相当于对信号时间轴进行的离散。离散程度取决于采样脉冲的周期，也就是采样频率。在取得了这个电压数值后，系统电路会比照 0 ～ 15 个单位的变化电压，对幅度值做整数化的分级处理（使用取整函数），即采用"四舍五入"方法，确定这个值应该属于的整数级。这个过程就叫作"量化"，有时也叫作"幅度离散"。

（二）D/A 转换

A/D 变换后形成的"比特流"，若将其反译码就会得到相应的样本值，或者说就可以恢复出与原来相当的模拟电信号。这个过程被称为数模转换（Digital Analogue Converter，D/A 转换）。D/A 转换实际上是选用一个截止频率为采样频率一半的低通滤波器就会恢复出进入 D/A 变换器的模拟信号。

三、数据压缩编码

在对模拟视频数字化的过程中，直接通过 A/D 转换得到的数字"比特流"一般包含大量的数据冗余，也就是存在表达信息的多余数据。这些多余数据导致了转换后的数字文档拥有海量数据，这种海量的数据对于存储、传输都会带来大量数字资源（如存储空间、CPU 运算速度）的占用和相应传输设备的高性能要求。因此，有必要对直接通过 A/D 转换得到的数字"比特流"进行数据压缩编码。

对于纯二进制码流的数据压缩，通常采用统计压缩算法，如霍夫曼编码算法、行程编码算法、字典编码算法等。事实上，在整个模拟视频数字化的过程中，目的是对图像数据进行压缩，保留有效的图像信息，为此，人们从多个方面尝试着对图像数据进行压缩编码。有的针对视频图像具有"行相关"的特点，即相邻两行像素的颜色值基本相同，而采取的帧内压缩，其目的是去除空间冗余；有的针对视频图像具有"场（帧）相关"的特点，即相邻两场（帧）的对应像素的颜色值也基本相同，而采取的帧间压缩，其目的是去除时间冗余。还有一些是基于人眼视觉特性的图像压缩方法（如图像子采样），还有基于重要性方面的压缩方法等。关于图像数据压缩编码，我们在后面的章节中还要做专门的讨论，这里不再赘述。

四、彩色图像子采样

在对模拟视频数字化的过程中，可以采用两种采样方法：一种是使用相同的采样频率对图像的亮度信号和色差信号进行采样；另一种是对亮度信号和色差信号分别采用不同的采样频率进行采样。如果对色差信号使用的采样频率比对亮度信号使用的采样频率低，这种采样就称为图像子采样。

图像子采样在数字图像压缩技术中得到了广泛的应用。可以说，在彩色图像压缩技术中，最简便的图像压缩技术恐怕就要算图像子采样了。这种压缩方法的基本根据是人的视觉系统所具有的两个特性：一是人眼对色度信号的敏感程度比对亮度信号的敏感程度低，利用这个特性可以把图像中表达颜色的信息去掉一些而使人不察觉；二是人眼对图像细节的分辨能力有一定的限度，利用这个特性可以把图像中的高频信息去掉而使人不易察觉。前者意味着对色差信号使用的采样频率比对亮度信号使用的采样频率要低；后者意味着不必要设置很高的采样频率。子采样也就是利用人的视觉系统这两个特性来达到压缩模拟视频信号的目的。实验表明，使用下面介绍的子采样格式，人的视觉系统对采样前后显示的图像质量没有感到有明显差别。

目前，使用的采样格式有以下几种：①4∶4∶4采样格式；②4∶2∶2子采样格式；③4∶1∶1子采样格式；④4∶2∶0子采样格式。

五、数字声音

（一）声音的获取与播放

1.模拟声音与数字声音

人耳是声音的主要感觉器官，人们从自然界中获得的声音信号和通过传声器得到的声音电信号等在时间和幅度上都是连续变化的。

2.声音数字化

声音由振动产生，通过空气传播，声音由许多不同频率的谐波组成，谐波的频率范围称为声音的"带宽"。计算机处理的声音类型一种是人说话的声音，带宽仅为 $300 \sim 3400Hz$；另一种是全频带声音（可听声，如音乐声、风雨声、汽车声等），其带宽可达 $20Hz \sim 20kHz$。

（1）取样

取样也叫采样，是指将时间轴上连续的信号每隔一定的时间抽取出一个信号的幅度样本，把连续的模拟量用一个个离散的点来表示。为了取样后能够不失真地恢复出原信号，取样频率必须大于信号最高频率的两倍。

（2）量化

量化就是度量采样后离散信号幅度过程，度量结果用二进制数来表示。

（3）编码

模拟声音信号经过采样、量化之后已经变为了数字形式，但是为了方便计算机的存储和处理，需要对它进行压缩编码，以减少数据量。压缩编码主要基于两种原因：一种是去除声音信号中的"冗余"部分，另一种是利用人耳的听觉特性，将声音中与听觉"不相关"的部分去除。

数字音频信息的优点是声音重放性能好、复制时没有失真、可编辑性强、容易进行特效处理、能进行数据压缩、传输时抗干扰能力强、容易与其他媒体相结合。

3. 数字声音的参数

（1）采样频率

采样频率是指录音设备在一秒钟内对声音信号的采样次数。语音的采样频率一般为 8kHz；全频带声音的采样频率一般为 44.1kHz。

（2）量化位数

量化位数是对模拟音频信号的幅度进行数字化，它决定了模拟信号数字化以后的动态范围。量化位数通常为 8 位、12 位或 16 位。量化位数越多，声音的保真度越好。

（3）声道数目

有单声道和双声道之分。单声道一次可以产生一组声音波形数据，声道数目为 1；双声道一次可以产生两组波形数据，声道数目为 2。

（4）码率（比特率）

码率是指声音数据每秒钟的数据量，单位是位 / 秒。

未压缩时码率 = 取样频率 × 量化位数 × 声道数

压缩后的码率 = 未压缩时的码率 / 压缩倍数

4. 声音的压缩

数字音频压缩技术是指在保证信号不产生失真的前提下，对音频数据信号进行尽可能大的压缩。固定电话使用 ADPCM 编码，移动电话使用高效率的混合编码技术，全频带声音有国际标准 MPEG 和工业标准 Dolby AC-3，如表 4-1 所示。

表 4-1　全频带声音的压缩编码标准

编码名称	压缩后的码率（每个声道）	声道数目	主要应用
MPEG-1 audio 层 1	192 kb/s	2	数字盒式录音磁带
MPEG-1 audio 层 2	128 kb/s	2	DAB、VCD
MPEG-1 audio 层 3	64 kb/s	2	MP3 音乐、Internet
MPEG-2 audio	同 MPEG-1 的层 1、层 2、层 3	5.1、7.1	同 MPEG-1
Dolby AC-3	64 kb/s	5.1、7.1	DVD、DTV、家庭影院

注：5.1 声道，含义是 5 个声道加上 1 个超低音声道，一共 6 个声道。

5.声音的重建与播放

声音的重建是声音信号数字化的逆过程，是指把声音从数字形式转换成模拟信号形式的过程，它由声卡完成，重建主要有解码、数模转换、插值处理三步。

数字音箱可直接接收数字声音，声音的重建由音箱自己完成，因而声音质量更好。

声卡的功能有波形声音的获取与编码、波形声音的重建与播放、MDI消息的输入、MDI音乐的合成。其中信号处理器（DSP）完成数据的压缩与解压缩，音乐合成器用来合成音乐。

（二）计算机合成声音

1.计算机合成语音

语音合成，又称文语转换（Text to Speech，简称 TTS），能够将文字信息实时转化为标准流畅的语音朗读出来。它涉及声学、语言学、数字信号处理、计算机科学等多个学科技术，是中文信息处理领域的一项前沿技术，解决的主要问题就是如何将文字信息转化为可听的声音信息。

一般说来，文语转换系统需要一套复杂的文字序列到音素序列的转换程序。也就是说，文语转换系统不仅要应用数字信号处理技术，而且必须有大量的语言学知识的支持。

随着语音技术研究的突破，其对计算机发展和社会生活的重要性日益凸显出来。语音合成技术是语音技术中十分实用的一项重要技术，它能解决人民大众的实际需求，在各行各业中均有广泛的应用。

2.计算机合成音乐

（1）音乐合成器

音乐电声的一个重要内容就是电子音乐。电子琴的出现，开辟了音乐的一个新天地。但是自从电子合成器问世以来，电子音乐又进入了一个更高的阶段。

计算机声卡上的音乐合成器能合成音乐，可模仿许多乐器的演奏效果，音乐合成器的功能是将 MDI 消息转换为音乐。

（2）MIDI

MIDI 是编曲界最广泛的音乐标准格式，可称为"计算机能理解的乐谱"，它用音符的数字控制信号来记录音乐。MIDI 文件是一种描述性的"音乐语言",它将所要演奏的乐曲信息用字节进行描述。MIDI 传输的不是声音信号,而是音符、控制参数等指令,它们被统一表示成 MIDI 消息,它指示 MIDI 设备要做什么,怎么做,比如演奏哪个音符、多大音量等。

MIDI 文件扩展名是".MD"或".MDI"。".MDI"文件本身并不包含波形数据,非常小巧,一首完整的 MIDI 音乐只有几十千字节大小。

（3）MIDI 音乐的播放过程

计算机合成音乐的三要素包括乐器（音乐合成器）、乐谱（MDI 文件）、演奏员（媒体播放器软件）。播放过程是媒体播放软件先从硬盘上读取 MDI 文件,解释内容,然后向声卡的音乐合成器发出控制指令（称为 DI 消息）,最后音乐合成器合成出各种音色的音符,通过音箱播放出来。

虽然是同一个 MDI 文件,在音乐合成器合成出各种音色的音符时,不同档次的声卡,合成出的音质是不同的。

六、数字视频

（一）视频的获取与压缩

1.视频

视频由连续变化的图片组成,当连续的图像变化超过每秒 24 帧画面以上时,根据视觉暂留原理,人眼无法辨别每幅单独的静态画面,看上去仍是平滑连续的视觉效果,这样的连续画面叫作视频。当连续的图像变化低于每秒 24 帧画面时,人眼有不连续的感觉,此时称为动画。

视频的图像是运动的,内容随时间变化,集成了影像、声音、文本等多种信息,信息容量较大。

按照处理方式的不同,视频分为模拟视频和数字视频两大类。

（1）模拟视频

模拟视频（analog video）是一种用于传输图像和声音且随时间连续变化的电信号。早期视频的获取、存储和传输都采用模拟方式。模拟视频特点是以模拟电信号的形式来记录,依靠模拟调幅的手段在空间传播,其信号在处理与传送时会有一定的衰减,不便于分类、检索和编辑。

目前,我国电视信号采用 PAL 制式标准:帧频 25F/s,场频 50 场 /s;使用 Y、U、V 彩色空间,这样亮度信号 Y 可以与黑白电视保持兼容,两个色度信号 U、V 可以利用人眼的视觉特性来节省电视信号的带宽和发射功率。

（2）数字视频

数字视频（digital video）是采用数字的方式记录、存储和传输视频信息。数字视频克服了模拟视频的许多不足，复制和传输时不会造成质量下降、容易进行编辑修改、有利于传输（抗干扰能力强，易于加密）。数字视频目前正在被广泛应用。

2. 视频信息的数字化

视频信息的数字化处理的一些基本方式，如取样、量化、编码和 A/D 转换等，与音频信号基本相同。由于人眼对颜色信号的敏感程度不如对亮度信号那么灵敏，所以色度信号的取样频率可以比亮度信号的取样频率低一半，以减少数字视频的数据量。

模拟视频的数字化还包括不少技术问题，如电视信号采用复合的 YUV 信号方式，而计算机工作在 RGB 空间；电视机是隔行扫描，而计算机显示器大多逐行扫描；电视图像的分辨率与显示器的分辨率也不尽相同等。模拟视频的数字化主要包括色彩空间的转换、光栅扫描的转换以及分辨率统一。

常用数字视频数字化设备有：

①视频采集卡（简称视频卡）。视频数字化的插卡，一种在线数字视频获取设备。

②数字摄像头。通过 CMOS（或 CCD）直接将视频图像数字化并输入计算机中，是一种在线数字视频获取设备。

③数字摄像机。一种离线数字视频获取设备，采用 MPEG 编码进行压缩。

3. 视频的压缩

数字视频之所以需要压缩，是因为数字视频的数据量大得惊人，1min 的数字电视图像未压缩时其数据量可超过 1GB，对存储、传输和处理都带来很大的困难。

数字视频在压缩前每个画面内部有很多信息冗余，相邻画面的内容有高度的连贯性，而且人的视觉灵敏度有限，允许画面有一定失真，所以数字视频的数据量可压缩几十倍甚至几百倍。

（二）数字视频的编辑与应用

1. 数字视频的编辑

视频编辑是通过对采集压缩后的视频媒体进行编辑，如剪辑、切换、特效制作等，使视频更富感染力、表现力。传统的线性编辑是录像机通过机械运动使用磁头将 25F/s 的视频信号顺序记录在磁带上，在编辑时必须顺序寻找所需要的视频画面。用传统的线性编辑方法在插入与原画面时间不等的画面，或删除节目中某些片段时都要重编，而且每编一次，视频质量都有所下降。

随着数字视频技术和多媒体计算机技术的融入，数码视频影像处理在传统的视频编辑基础上，产生了一种全新的编辑技术——计算机非线性编辑技术。非线性编辑系统是把输入的各种视音频信号进行 A/D（模 / 数）转换，采用数字压缩技术存入计算机硬盘中。

非线性编辑没有采用磁带而是用硬盘作为存储介质，记录数字化的视音频信号，由于硬盘可以满足在 1/25s 内任意一帧画面的随机读取和存储，从而实现视音频编辑的非线性。

由于所有处理采用了数字处理技术，因此任意的剪辑、修改、复制、调动画面前后顺序，都不会引起画面质量的下降，克服了传统设备的致命弱点。非线性编辑系统设备小型化，功能集成度高，与其他非线性编辑系统或普通个人计算机易于联网形成网络资源的共享。

非线性编辑软件有很多，如 adobe premiere pro、ulead media studio pro、ulead video studio（会声会影）、movie maker 等。其中 adobe premiere pro 是 Adobe 公司出品的专业非线性视频编辑软件，其强大的实时视频和音频编辑工具可以对制作的各个方面进行精确的虚拟控制。

2. 数字视频的应用

（1）VCD 和 DVD

VCD 是按照 MPEG-1 标准将 60min 的音频 / 视频节目记录在一张 CD 光盘上，即家用录放像机的水平，可播放立体声。

DVD 是按 MPEG-2 标准将音频 / 视频节目记录在 DVD 光盘上，可播放 5.1 声道的环绕立体声，单面单层 DVD 容量为 4.7GB。

（2）可视电话和视频会议

可视电话是通话双方能互相看见的一种电话系统，电话机具有摄像、显示、声音等功能，内置高质量 CCD 镜头及 Modem。

视频会议是多人同时参与的一种音/视频通信系统，类似于可视电话，但多人参加通话，提供的功能也更加丰富。

（3）数字电视

电视技术与数字技术的结合。电视节目的制作（摄录、编辑）、处理、传输、接收、播放全过程的数字化，特别是将电视信号进行数字化之后以数字形式进行传输和接收。数字电视具有频道利用率高、图像清晰度好、可以开展交互式业务的优点。数字电视接收设备有三种：数字电视接收机，传统模拟电视机加上数字机顶盒，能接收数字电视的 PC。

（4）点播电视（VOD）

VOD（数字视频点播）指用户可以自己选择需要观看的电视节目，改变了电视台播什么用户只能看什么的电视收看模式。音视频数据以实时数据流的形式进行传输。传输一旦开始，就一直以稳定的速率进行传输，以保证节目平滑地播放。

3.计算机动画

计算机动画是计算机图形的应用，使用计算机生成一系列内容连续的画面供实时演播，它是一种用计算机合成的数字视频，而不是用摄像机拍摄的"自然视频"。

（1）动画分类

计算机动画分为二维动画和三维动画。二维动画是平面上的画面。纸张、照片或计算机屏幕显示，无论画面的立体感多强，终究是二维空间上模拟真实三维空间效果。三维动画的景物有正面、侧面和反面，调整三维空间的视点，能够看到不同的内容。

（2）动画应用

计算机动画最广泛的应用是娱乐，也就是常说的动画与游戏。除此之外，计算机动画在宣传方面也有着很多的应用，不仅仅包括广告，而且包括能用动画形象表示的某种信息的宣传。城市规划也非常适合用计算机动画来表现。在仿真模拟方面，计算机动画仿真可以应用于军事、医学等领域。在教育方面，采用计算机动画的教学方式更加生动与直接，可以充分调动学生的积极性，产生良好的教学效果。计算机动画在电影中的应用尤为明显，计算机动画在电影特效中主要用于虚拟场景的创建、动力仿真和后期特效合成。

（3）常用动画设计软件

① 2D 动画制作软件：Animator Pro。

② 3D 动画编辑软件：3 DSMAX、MAYA、Director。

③ Flash 动画。

Flash 动画与 GIF 动画不同，它是矢量动画，采用的是矢量图形。与位图图形相比，矢量图形需要的内存和存储空间小很多。Flash 动画可以包含简单的动画、视频内容、复杂演示文稿和应用程序，以及介于它们之间的任何内容。Flash 动画具有以下特点：画面大小可任意调节，具有交互性，用户可控制播放过程；既可生成自动可执行文件（*.exe），还可生成用 Flash播放器播放的文件（*.SWF）；既可做成单独的动画，也可以嵌入网页文件；文件小，采用流媒体技术播放，可以边下载边播放。

第四节 彩色电视图像的数字化标准

一、色彩空间转换

我们知道，YUV 颜色空间是 PAL 制式电视系统传输图像的专用颜色空间，它是由广播电视需求的推动而开发的颜色空间，主要目的是通过压缩色度信息以有效地播送彩色电视图像。而 RGB 颜色空间是计算机显示图形的颜色空间，或者是用于色光混合显示图像的环境下（如电视机、投影机、计算机显示器等）使用的颜色空间。

在数字化过程中，YUV 颜色空间对应于数字环境下的颜色空间就是 ITU–R BT.601YCbCr 颜色空间。这是一个用 8 位二进制数表示的一组参数。也就是说，模拟的 YUV 信号和数字化的 YCbCr 信号仅仅是一个正比关系，YCbCr 参数将间接地反映 YUV 信号的变化。因此，在 RGB 色彩空间下，要使用这样一组和 YUV 有着正比关系的 YCbCr 参数，必须知道这两个色彩空间的转换关系。

二、采样率与相应时间基准的关系

（一）采样频率

在模拟视频数字化的过程中，除了信号幅度值的量化级数影响和决定着图像的质量外，采样频率的高低选取同样会影响图像质量。因此，采样频率的高低是决定数字化视频图像质量的重要指标。

在实际选取采样频率时，人们要考虑这样一个原则，即信号频率和采样频率之间需要满足奈奎斯特采样定理。该定理指出：当对连续变化的信号波形进行采样时，若采样频率高于该信号所含最高频率的两倍，那么，可以由采样值通过插补技术正确地恢复原信号的波形，否则，将会引起频谱混叠（aliasing）产生混叠噪声（aliasing noise），而重叠的部分是不能恢复的。这一定理不仅适用于模拟音频信号，也同样适用于模拟视频信号的采样。

CCIR60I 标准，即现在的 ITU-R BT.601 标准为 NTSC 制式、PAL 制式和 SECAM 制式规定了共同的视频图像采样频率。

（二）采样频率和同步信号之间的关系

图 4-1 给出了 13.5MHz 采样频率和 PAL 制式、NTSC 制式的同步信号之间的关系。这些关系为今后恢复数字视频成模拟视频有重要的参考意义。

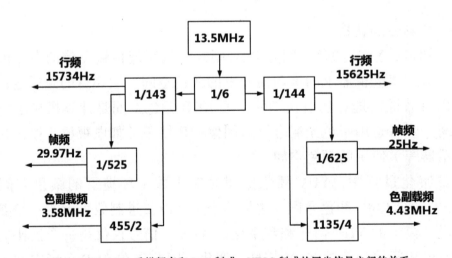

图 4-1 13.5MHz 采样频率和 PAL 制式、NTSC 制式的同步信号之间的关系

三、图像分辨率与每行有效像素

（一）模拟图像分辨率

模拟电视图像分辨率（清晰度）通常用垂直分辨率和水平分辨率来表示。

垂直分辨率基本上由扫描行数决定，即垂直清晰度为电视有效行数的 0.7 倍。水平分辨率（清晰度）则由水平方向能解析的电视线数决定，即沿水平方向能分辨出黑白相间线条的数目。目前，广播级摄像机的水平分辨率在 700 线以上；专业摄像机的水平分辨率在 550 线左右；家用摄像机的水平分辨率在 300 线左右。传输环节的电视水平清晰度由下式计算获得。

水平清晰度 = 有效行时间 × 频带宽度 ÷ 宽高比系数

我国现行标准规定行周期为 64μs，有效行时间为 52.2μs，标准视频带宽为 6MHz，所以，现行传输环节的模拟电视水平清晰度要求至少为 468 线。应该指出的是，模拟电视图像的清晰度是指使用灰度测试卡进行测量的，是黑白亮度分辨率，而图像彩色分量的分辨率与图像扫描的格式有关，住往低于亮度的分辨率。

（二）数字图像分辨率

数字图像分辨率通常是用 NXM 像素表示的。目前，NTSC 制式、PAL 制式和 SECAM 制式按照亮度信号采样频率 13.5MHz 推得的每一扫描行上的采样数目分别为 858 和 864。这是考虑到电视接收设备在还原显示视频信号时存在"过扫描"（overscan）现象，以及模拟显示终端存在显示边缘劣化等特点而做的保守设计。事实上，为了兼顾还原性与计算机的兼容性，对所有制式而言，只要保证每一扫描行上的有效样本数均为 720 个，就可以达到数字标清电视标准的要求，即在水平方向至少 720 个像素，垂直方向按各制式的幅宽比先行确定非方型像素比，然后确定数字行数。

（三）有效显示分辨率

目前，按 ITU-R BT.601 标准规定，对于 625 行 PAL 制式而言，数字图像分辨率通常是用 720×576 像素表示的（像素高宽比为 1.06）。对 525 行 NTSC 制式而言，数字图像分辨率通常是用 720×480 像素表示的（像素高宽比 0.89），这被称为有效显示分辨率。

事实上，ITU-R BT.601 标准对模拟扫描行与数字行的对应关系作了进一步明确，并规定从数字有效行末尾至基准时间样点的间隔。对 525 行、60 场 / 秒制式来说为 16 个样点，对 625 行、50 场 / 秒制式则为 12 个样点，不论 625 行 /50 场或 525 行 /60 场，其数字有效行的亮度样点数都是 720，色差信号的样点数均是 360，这是为了便于制式转换，即亮度样点数被 2 除，就可得到色差信号的样点数。

（四）公用中分辨率 CIF

公用中分辨率是远程视频通信中，为了既适用 625 行的电视图像又适用 525 行的电视图像，推出的和家用录像系统 VHS 分辨率（清晰度）相当的数字视频格式标准。

CIF 格式的特性如下：

①分辨率为 352×288 像素。

②使用非隔行扫描（non-interlaced scan）。

③使用 NTSC 帧速率约为 29.97 幅 /s。

④使用 1/2 的 PAL 水平分辨率，取 352 个有效采样点，288 行 /F。

⑤对亮度和两个色差信号分量分别进行编码，它们的取值范围同 ITU-R BT.601，即黑色 =16，白色 =235，色差的最大值等于 240，最小值等于 16。

另外，还有一些更小分辨率的公用视频格式，如 QCIF、SQCF 等。

四、数字图像压缩技术

（一）图像冗余性与图像数据压缩方法

人们研究发现，图像数据表示中存在着大量的冗余。通过去除那些冗余数据可以使原始图像数据极大地减少，从而解决图像数据量巨大的问题。图像数据压缩技术就是研究如何利用数据的冗余性来减少图像数据量的方法。因此，进行图像压缩研究的起点是研究图像数据的冗余性。

1. 图像冗余性

（1）空间冗余

这是静态图像存在的最主要的一种数据冗余。例如，一幅图像上，同一景物表面上各采样点的颜色之间往往存在着空间连贯性，但是基于离散像素采样来表示物体颜色的方式通常没有利用景物表面颜色的这种空间连贯性，从而产生了空间冗余。在静态图像中的一块表面颜色均匀的区域中，所有点的光强和色彩以及饱和度都相同，我们可以通过改变物体表面颜色的像素存储方式来利用空间连贯性，达到减少数据量的目的。

（2）时间冗余

这是序列图像（电视图像、运动图像）表示中经常包含的冗余。序列图像一般是位于同一时间轴内的一组连续图像，这些相邻图像包含相同的背景和移动物体，只不过移动物体所在的空间位置有所不同，所以后一幅的数据与前一幅的数据有许多共同的地方，被称为时间冗余。

（3）结构冗余

在有些图像的纹理区，图像的像素值存在着明显的分布模式。例如方格状的地板图案等，我们称此为结构冗余。

（4）知识冗余

有些图像的理解与某些知识有相当大的相关性。例如，人脸的图像有固定的结构，嘴的上方有鼻子，鼻子的上方有眼睛，鼻子位于正脸图像的中线上等。这类规律性的结构可由先验知识和背景知识得到，称为知识冗余。根据已有的知识，对某些图像中所包含的物体，可以构造其基本模型，并创建对应各种特征的图像库，进而图像的存储只需要保存一些特征参数，从而可以大大减少数据量。知识冗余是模型编码主要利用的特征。

（5）视觉冗余

事实表明，人类的视觉系统对图像的敏感性是非均匀和非线性的。然而，在记录原始的图像数据时，通常假定视觉系统是线性和均匀的，视觉敏感和不敏感的部分同等对待，从而产生了比理想编码（把视觉敏感和不敏感的部分区分开来编码）更多的数据，这就是视觉冗余。通过对人类视觉进行的大量实验，发现了以下的视觉非均匀特性。

①视觉系统对图像的亮度和彩色度的敏感性相差很大。

②人眼的辨别能力与物体周围的背景亮度成反比，随着亮度的增加，视觉系统对量化误差的敏感度降低。

③人眼的视觉系统把图像的边缘和非边缘区域分开来处理。这里的边缘是指灰度值发生剧烈变化的地方，而非边缘区域是指除边缘之外的图像其他任何部分。

④人类的视觉系统总是把视网膜上的图像分解成若干个空间有限的频率通道后再进一步处理。在编码时，若把图像分解成符合这一视觉内在特性的频率通道，则可能获得较大的压缩比。

（6）图像区域的相同性冗余

它是指在图像中的两个或多个区域所对应的所有像素值相同或相近，

从而产生的数据重复性存储，这就是图像区域的相似性冗余。在该种情况下，记录了一个区域中各像素的彩色值，则与其相同或相近的其他区域就不再需要记录其中各像素的值。向量量化（vector quantization）方法就是针对这种冗余性的图像压缩编码方法。

（7）纹理的统计冗余

有些图像纹理尽管不严格服从某一分布规律，但是它在统计的意义上服从该规律。利用这种性质可以减少表示图像的数据量，称之为纹理的统计冗余。随着对人类视觉系统和图像模型的进一步研究，人们可能会发现更多的冗余，使图像数据压缩编码的可能性越来越大，从而推动图像压缩技术的进一步发展。

2. 图像数据压缩方法

针对数字媒体数据冗余类型的不同，相应地有不同的压缩方法。根据解码后数据与原始数据是否完全一致进行分类，压缩方法可被分为无损压缩和有损压缩。在此基础上根据编码原理进行分类，大致有：预测编码、变换编码、统计编码以及其他一些编码。其中统计编码是无损编码，其他编码方法基本是有损编码。

无损压缩也叫无失真压缩，是指解压还原后的数据同原始的数据完全一样。这种压缩的特点是压缩比较小。

有损压缩也叫失真压缩，这种压缩使得压缩后部分信息丢失，即还原的数据与原始数据存在误差。它的特点是压缩比大，而且压缩比是可调节的。

常用的图像数据编码方法有以下几种。

（1）预测编码

预测编码是根据离散信号之间存在着一定的相关性，利用前面的一个或多个信号对下一信号进行预测，然后对实际值和预测值的差进行编码。预测编码分为帧内预测和帧间预测两种类型。

帧内预测：该编码反映了同一帧图像内，相邻像素之间的空间相关性较强，因而任何一个像素的亮度值，均可由与它相邻的已被编码的像素编码值来预测。帧内预测编码包括差分脉冲编码调制（Differential Pulse Code Modulation，DPCM）和自适应差分脉冲编码调制（Adaptive Differential Pulse Code Modulation，ADPCM）。

帧间预测：在 MPEG 压缩标准中采用了帧间预测编码，这是由于运动图像各个帧之间有很强的时间相关性。例如，在电视图像传送中，相邻帧的时间间隔较短，大多数像素的亮度信号在帧间的变化不大，利用帧间预测编码技术可减少帧序列内图像信号的冗余。

（2）变换编码

变换编码先对信号进行某种函数变换，从信号的一种表示空间变换到另一种表示空间，然后在变换后的域上，对变换后的信号进行编码。

典型的变换编码有离散余弦变换、K-L 变换（KLT），以及近来流行的小波变换等。

离散余弦变换 DCT：允许 8×8 图像的空间表达式转换为频率域，只需要少量的数据点来表示图像。另外，DCT 算法的性能很好，可以进行高效的运算，使得它在硬件和软件中都容易实现。

K-L 变换：从图像统计特性出发，用一组不相关的系数来表示连续信号，实现正交变换。K-L 使矢量信号的各个分量互不相关，因而在均方误差下，它是失真量小的一种变换。但由于它没有通用的变换矩阵，因此对于每个图像数据都要计算相应的变换矩阵，其计算量相当大，所以实际中使用较少。

小波变换：对图像的压缩类似于离散余弦变换，都是对图像进行变换，由时域变换到频域，然后再量化、编码、输出。不同之处在于小波变换是对整幅图像进行变换，而不是先对图像进行小区域分割。此外，量化技术上也采用不同的方法。离散余弦变换是采用一种与人类视觉相匹配的矢量量化表，而小波变换则没有这样的量化表，它主要依据变换后各级分辨率之间的自相似特点，采用逐级逼近技术实现减少数据存储量的目的。

（3）统计编码

统计编码：主要针对无记忆信源，根据信息码字出现概率的分布特征而进行压缩编码，寻找概率与码字长度间的最优匹配，其又可分为定长码和变长码。

哈夫曼编码：大多数存储数字的信息编码系统都采用位数固定的字长码，如 ASCII 码。在一幅图像中，图像数据出现的频率不同，如果对那些出现频率高的数据用较少的比特数据来表示，而出现频率低的数据用较多的比特数来表示，从而节省存储空间。采用这种思想对数据进行编码时，代码的位数是不固定的，这种码称为变长码。该思想首先由香农提出，哈夫曼后来对它提出了一种改进的编码方法，用这种方法得到的编码称为哈夫曼码。

游程长度编码：在一幅图像中，往往具有很多颜色相同的图块，在这些图块中，许多行或者一行上许多连续的像素都具有相同的像素值，这种情况下就不需要存储每一个像素的颜色值，而仅仅存储一个像素值和具有相同像素值的数目，或者一个像素值和具有相同数值的行数，这种压缩编码称为游程长度编码。

LZW 编码：在编码图像数据过程中，每读一个字符（图像数据），就与以前读入的字符拼接成一个新的字符串，并且查看码表中是否已经有相同的字符串，如果有就用这个字符串的号码来代替这一个字符；如果没有，则把这个新的字符串放到码表中，并且给它编上一个新的号码，这样编码就变成一边生成码表一边生成新字符串的号码。在数据存储或传输时，只存储或传输号码，不存储和传输码表本身。在译码时，按照编码时的规则一边生成码表一边还原图像数据。

其他编码有以下几种。

矢量量化编码：一种有失真编码方法，相对于标量量化中对原始数据一个数一个数地进行量化编码，矢量量化将数据分成很多组，将有 R 个数的一组看作一组 K 维矢量，然后以这些矢量为单元进行量化编码，这种编码方式对声音和图像数据特别有效。

子带编码：是一种高质量、高压缩比的编码方法。它的基本思想是利用一滤波器组，通过重复卷积的方法，经取样将输入信号分解为高频分量和低频分量，然后分别对高频和低频分量进行量化和编码。

分形编码：首先对图像进行分块，然后再去寻找各块之间的相似性，这里的相似性主要是依靠仿射变换（包括几何变换、对比度放缩和亮度平移）确定，找到每块的仿射变换，并保存下这个仿射变换的系数，因为每块的数据量远远大于仿射变换的系数，所以图像得以大幅度地压缩。

（二）数字图像编码的国际标准

图像编码技术的需求与发展促进了该领域国际标准的制定。ISO、IEC和 ITU 等国际组织先后制定和推荐一系列的图像编码国际标准，如 JPEG、H.26x 系列和 MPEG 系列标准等。我国也自主开发与制定了相应的 AVS（先进音视频编码）系列标准，并于 2006 年 3 月 1 日起正式成为国家标准。

1.JPEG 和 JPEG2000

JPEG 标准是由 ISO/IEC 制定的连续色调、多级灰度、静止图像的数字压缩编码标准。JPEG 基本系统框图，它满足以下要求：

①能适用于任何种类的连续色调的图像，且长宽比都不受限制，同时也不受限于景物内容、图像的复杂程度和统计特性等。

②计算机的复杂性是可控制的，其软件可在各种 CPU 上完成，算法也可用硬件实现。

JPEG 算法具有四种操作方式。

第一，顺序编码。每个图像分量按从左到右，从上到下扫描，一次扫描完成编码；第二，累进编码。图像编码在多次扫描中完成，接收端收到图像是一个由粗糙到清晰的过程；第三，无失真编码。第四，分层编码。对图像按多个空间分辨率编码，接收端按需要对这多个分辨率有选择地解码。

JPEG 压缩是有损压缩，它利用了人视觉系统的特性，去掉视觉冗余信息和数据本身的冗余信息，在压缩比为 25：1 的情况下，压缩后的图像与原始图像相比较，非图像专家难辨"真伪"。

（1）离散余弦变换

JPEG 采用的是 8×8 大小子块的二维离散余弦变换 DCT，在编码器的输入端，把原始图像顺序地分割成 8×8 的子块系列。设原始采样精度为 P 位，是无符号整数，输入时把（0，2P－1）范围变为（－2P－1，2P－1－1）。当 P=8bit 时，每个样本值减去 128，数值范围为（－128，128）；当 P=12 时，每个样本值减 2048，数值范围为（－2048，2048），然后送入 FDCT，解码时 DCT 输出是有符号的，要变换成无符号数用于重构图像。

（2）使用加权函数对 FDCT 系数进行量化

这种量化是对经过 FDCT 变换后的频率系数进行加权量化，这个加权函数对于人的视觉系统是最佳的。量化的目的是减小非"0"系数的幅度以及增加"0"值系数的数目，它是图像质量下降的最主要原因。

（3）Z 字形编排

量化后的 DCT 系数要重新编排，这样做可增加连续"0"系数的个数，也就是说尽量增加"0"游程长度，最好的办法是采用"Z 字蛇形"矩阵。

（4）使用差分脉冲编码调制 DPCM 对直流系数 DC 进行编码

8×8 的图像块经过前几步的变换之后，得到的直流系数具有系数的数值比较大，相邻图像块系数数值变化不大的特点。

（5）使用游程编码 RLE 对交流系数 AC 进行编码

量化的交流系数特点是 1×64 矢量中包含许多"0"，并且"0"是连续的，因此，使用游程编码（RLE）方法就能解决问题了。

JPEG 使用了 1 个字节的高 4 位表示连续"0"的个数，而使用低 4 位表示编码"0"后面紧跟的非"0"系数所需占用的位（bit）数，跟在它后面的就是量化 AC 系数的数值。

（6）熵编码

可变长度的哈夫曼（Huffman）码表得到了应用。它在压缩数据符号时，对出现频度比较高的符号分配比较短的代码，而对出现频度较低的符号分配比较长的代码。这样就对 DPCM 编码后的直流 DC 系数和 RLE 编码后的交流 AC 系数做了更进一步压缩。

（7）组成位数据流

JPEG 编码的最后一个步骤是把各种标记代码和编码后的图像数据组成一帧一帧的数据，便于传输、存储和译码器进行译码。

2.MPEG

ISO 和 CCITT 于 1988 年成立"运动图像专家组（MPEG）"，研究制定了视频及其伴音国际编码标准。MPEG 阐明了声音电视编码和解码过程，严格规定声音和图像数据编码后组成位数据流的句法，提供了解码器的测试方法等。目前，已经开发的 MPEG 标准有以下五种。

MPEG-1：1992 年正式发布的数字电视标准。

MPEG-2：数字电视标准。

MPEG-3：于 1992 年合并到高清晰度电视（HDTV）工作组。

MPEG-4：1999 年发布的多媒体应用标准。

MPEG-7：多媒体内容描述接口标准，目前正在研究当中。

（1）MPEG-1 的视频压缩标准

活动图像专家组在 1991 年 11 月时提出了"用于数据速率大约高达 1.5MB/s 的数字存储媒体的电视图像和伴音编码"，作为 ISO 11172 号建议，习惯上通称 MPEG-1 标准。此标准主要用于在 CD-ROM 上存储数字影视和传输数字影音，PAL 制为 352×288 pixel/frame $\times 25$ frame/s，NTSC 制为 352×240 pixel/frame $\times 30$ frame/s。

MPEG-1 主要用于活动图像的数字存储，它包括 MPEG-1 系统、MPEG-1 视频、MPEG-1 音频、一致性测试和软件模拟五个部分。

① MPEG-1 系统：将视频信号及其伴音以可接收的重建质量压缩到 15MB/s 的码率，并复合成一个单一的 MPEG 位流，同时保证视频和音频的同步。

② MPEG-1 视频：用于满足日益增长的多媒体存储与表现的需要，即以一种通用格式在不同的数字存储介质，如 VCD、CD、DAT、硬盘和光盘中表示压缩的视频。该压缩算法采用三个基本技术：运动补偿预测编码、DCT 技术和变字长编码技术。

（2）MPEG-2 数字电视标准

MPEG-2 的标准号为 ISO/IEC 13818，它是声音和图像信号数字化的基础标准，广泛适用于数字电视（包括 HDTV）及数字声音广播、数字图像与声音信号的传输，以及多媒体等领域。

MPEG-2 标准是一个直接与数字电视广播有关的高质量图像和声音编码标准，MPEG-2 视频利用网络提供的更高的带宽来支持具有更高分辨率图像的压缩和更高的图像质量。

MPEG-2 也分为系统、视频、音频、一致性测试、软件模拟、数字存储媒体命令、控制扩展协议、先进声音编码、系统解码器实时接口扩展标准等部分。

（3）MPEG-3

MPEG-3 是在制定 MPEG-2 标准之后准备推出的适用于 HDTV（高清晰度电视）的视频、音频压缩标准，但是由于 MPEG-2 标准已经可以满足要求，故 MPEG-3 标准并未正式推出。

（4）MPEG-4 多媒体应用标准

它是为视听数据的编码和交互播放开发算法和工具，是一个数据速率很低的多媒体通信标准。其目标是要在异构网络环境下能够高度可靠地工作，并且具有很强的交互功能。为此它引入了对象基表达的要领，用来表达视听对象（AVO），并扩充了编码的数据类型，由自然数据对象扩展到计算机生成的合成数据对象，采用合成对象、自然对象混合编码算法。

（5）MPEG-7多媒体内容描述接口

MPEG-7是为满足特定需求而制定的视听信息标准，仍然以MPEG-1、MPEG-2、MPEG-4等标准为基础。MPEG-7的应用领域很广，包括数字图书馆、多媒体目录服务、广播式媒体的选择、个人电子新闻服务、多媒体创作、娱乐等。

（三）图像识别技术

1. 图像识别过程

图像识别问题就是对图像进行特殊的预处理，再经分割和描述提取图像中有效的特征，进而加以判决分类。图像识别的发展大致经历了三个阶段：文字识别、图像处理和识别、物体识别。文字识别的研究是从1950年开始的，一般是识别字母、数字和符号，并从印刷文字识别到手写文字识别，应用非常广泛，并且已经研制了许多专用设备。图像处理和识别的研究是从1965年开始的，过去人们主要是用照相技术、光学技术进行图像处理，而现在则是利用计算机来完成。计算机图像处理不但可以消除图像的失真、噪声，同时还可以进行图像的增强与复原，然后进行图像的判读、解析与识别，如航空照片的解析、遥感图像的处理与识别等，其用途之广不胜枚举。计算机对图像的处理分为三部分：

第一部分是图像信息的获取。它相当于对被研究对象进行调查和了解，从中得到数据和材料，图像识别就是把图片、底片和文字图形等用光电扫描设备转换为电信号以备后续处理。

第二部分是图像的预处理。这个处理过程的工作包括采用数字图像处理的各种方法来消除原始图像的噪声和畸变，消减无关特征而加强图像系统感兴趣的特征，如果图像包含多个目标的，还要对图像进行分割，将其分为多个每个，只包含一个目标区域。

第三部分是特征提取。通常能描述对象的元素很多，为了节约资源、节省计算机存储空间、机时、特征提取费用，在满足分类识别正确率要求的条件下，按某种准则尽量选用对正确分类识别作用大的特征，使得用较少的特征就能完成分类识别任务。这项工作表现为减少特征矢量的维数、符号、串字符数或简化图的结构。

第四部分是判决或分类。依据所提取的特征，将前一部分的特征向量空间映射到类型空间，把相应原图归属已知的一类模式，相当于人们从感性认识升到理性认识而做出结论的过程。第四部分与特征提取的方式密切相关，它的复杂程度也依赖于特征提取的方式，如类似度、相关性、最小距离等。其中前三部分是属于图像处理范畴，第四部分为模式识别范畴。我们也把预处理和特征提取部分称为低级处理，而判决和分类部分称为高级处理。其中，每一阶段都会对识别结果产生严重影响，所以每一阶段都应争取尽可能完美的结果。

2. 图像识别方法

图像识别问题的数学本质属于模式空间到类别空间的映射问题。目前，在图像识别的发展中，主要有四种识别方法。

（1）统计图像识别方法

统计图像识别方法是以概率统计理论为基础的，图像模式用特征向量描述，找出决策函数进行模式决策分类。不同的决策函数产生了不同的模式分类方法。方法为聚类分析法、判别类域代数界面法、统计决策法、最近邻法等。统计方法忽略了图像中被识别对象的空间相互关系，即结构关系，当被识别对象（如指纹、染色体等）的结构特征为主要特征时，用统计方法很难进行识别。

（2）句法（或结构）图像识别方法

它是对统计识别方法的补充，统计方法是用数值来描述图像的特征，句法方法则是用符号来描述图像的特征。它模仿了语言学中句法的层次结构，把复杂图像分解为单层或多层的简单图像，主要突出识别对象的结构信息。句法方法不仅对景物分类，而且用于景物的分析和物体结构的识别。

（3）模糊图像识别方法

在图像识别中，有些问题极为复杂，很难用一些确定的标准作出判断。模糊图像识别方法的理论基础是模糊数学，它是把事物特征判别的二值逻辑转向连续值逻辑，用不太精确的方式来描述复杂系统，从而得到模糊的识别结果。目前模糊图像识别的主要方法有：最大隶属原则识别法、接近原则识别和模糊聚类分析法。

（4）神经网络图像识别方法

它是用神经网络的算法对图像进行识别的方法，人工神经网络具有信息分布式存储、大规模自适应并行处理、高度的容错性等优点，是应用于图像识别基础，特别是其学习能力和容错性对不确定的图像识别有独到之处。

统计图像识别方法必须解决特征形成和特征提取、选择问题，而神经网络具有无可比拟的优越性，一般的神经网络分类器不需要对输入的模式做明显的特征提取，网络的隐层本身就具有特征提取的功能，特征信息体现在隐层连接的权值之中。神经网络的并行结构决定了它对输入模式信息的不完备或特征的缺损不敏感。

神经网络分类器是一种智能化模式识别系统，它可增强系统的学习能力和容错性，具有很好的发展应用前景。

3. 图像识别应用

①遥感图像识别：航空遥感和卫星遥感图像通常用图像识别技术进行加工以便提取有用的信息。该技术目前主要用于地形地质探查，森林、水利、海洋、农业等资源调查，灾害预测，环境污染监测，气象卫星云图处理以及地面军事目标识别等。

②通信领域的应用：包括图像传输、电视电话、电视会议等。

③军事、公安刑侦等领域的应用：图像识别技术在军事、公安刑侦方面的应用很广泛，例如军事目标的侦察、制导和警戒系统；自动灭火器的控制及反伪装；公安部门的现场照片、指纹、手迹、印章、人像等的处理和辨识；历史文字和图片档案的修复和管理等。

④生物医学图像识别：图像识别在现代医学中的应用非常广泛，它具有直观、无创伤、安全方便等特点。在临床诊断和病理研究中广泛借助图像识别技术，如 CT（Computed Tomography）技术等。

⑤机器视觉领域的应用：作为智能机器人的重要感觉器官，机器视觉主要进行 3D 图像的理解和识别，该技术也是目前研究的热门课题之一。机器视觉的应用领域也十分广泛，如用于军事侦察、危险环境的自主机器人，邮政、医院和家庭服务的智能机器人。此外机器视觉还可用于工业生产中的工件识别和定位，太空机器人的自动操作等。

第五章 信息安全与计算机新技术

第一节 计算机系统安全概述

一、计算机系统面临的威胁和攻击

计算机系统所面临的威胁和攻击，大体上可以分为两种：一种是对实体的威胁和攻击，另一种是对信息的威胁和攻击。计算机犯罪和计算机病毒则包括了对计算机系统实体和信息两方面的威胁和攻击。

（一）对实体的威胁和攻击

对实体的威胁和攻击主要指对计算机及其外部设备和网络的威胁和攻击，如各种自然灾害、人为破坏、设备故障、电磁干扰、战争破坏以及各种媒体的被盗和丢失等。对实体的威胁和攻击，不仅会造成国家财产的重大损失，而且会使系统的机密信息严重破坏和泄露。因此，对系统实体的保护是防止对信息威胁和攻击的首要一步，也是防止对信息威胁和攻击的天然屏障。

（二）对信息的威胁和攻击

对信息的威胁和攻击主要有两种，即信息泄露和信息破坏。信息泄露是指偶然地或故意地获得（侦收、截获、窃取或分析破译）目标系统中的信息，特别是敏感信息，造成泄露事件。信息破坏是指由于偶然事故或人为破坏，使信息的正确性、完整性和可用性受到破坏，如系统的信息被修改、删除、添加、伪造或非法复制，造成大量信息的破坏、修改或丢失。

对信息进行人为的故意破坏或窃取称为攻击。根据攻击的方法不同，可分为被动攻击和主动攻击两类。

1. 被动攻击

被动攻击是指一切窃密的攻击。它是在不干扰系统正常工作的情况下进行侦收、截获、窃取系统信息，以便破译分析；利用观察信息、控制信息的内容来获得目标系统的位置、身份；利用研究机密信息的长度和传递的频度获得信息的性质。被动攻击不容易被用户察觉出来，因此它的攻击持续性和危害性都很大。

被动攻击的主要方法：直接侦收、截获信息、合法窃取、破译分析，以及从遗弃的媒体中分析获取信息。

2. 主动攻击

主动攻击是指篡改信息的攻击。它不仅能窃密，而且威胁到信息的完整性和可靠性。它是以各种各样的方式，有选择地修改、删除、添加、伪造和重排信息内容，造成信息破坏。

主动攻击的主要方式：窃取并干扰通信线中的信息、返回渗透、线间插入、非法冒充，以及系统人员的窃密和毁坏系统信息的活动等。

（三）计算机犯罪

计算机犯罪是利用暴力和非暴力形式，故意泄露或破坏系统中的机密信息，以及危害系统实体和信息安全的不法行为。暴力形式是对计算机设备和设施进行物理破坏，如使用武器摧毁计算机设备，炸毁计算机中心建筑等。而非暴力形式是利用计算机技术知识及其他技术进行犯罪活动，它通常采用下列技术手段：线路窃收、信息捕获、数据欺骗、异步攻击、漏洞利用和伪造证件等。

目前，全世界每年被计算机罪犯盗走的资金有200多亿美元，许多发达国家每年损失几十亿美元，计算机犯罪损失常常是常规犯罪的几十至几百倍。Internet上的黑客攻击从1986年发现首例以来，十多年间以几何级数增长。计算机犯罪具有以下明显特征：采用先进技术、作案时间短、作案容易且不留痕迹、犯罪区域广、内部工作人员和青少年犯罪日趋严重等。

二、计算机系统安全的概念

计算机系统安全是指采取有效措施保证计算机、计算机网络及其中存储和传输信息的安全、防止因偶然或恶意的原因使计算机软硬件资源或网络系统遭到破坏及数据遭到泄露、丢失和篡改。

保证计算机系统的安全，不仅涉及安全技术问题，还涉及法律和管理问题，可从以下三个方面保证计算机系统的安全：法律安全、管理安全和技术安全。

（一）法律安全

法律是规范人们一般社会行为的准则。它从形式上分宪法、法律、法规、法令、条令、条例和实施办法、实施细则等多种形式。有关计算机系统的法律、法规和条例在内容上大体可以分成两类，即社会规范和技术规范。

社会规范是调整信息活动中人与人之间的行为准则。要结合专门的保护要求来定义合法的信息实践，并保护合法的信息实践活动，对于不正当的信息活动要受到民法和刑法的限制或惩处。它发布阻止任何违反规定要求的法令或禁令，明确系统人员和最终用户应该履行的权利和义务，包括宪法、保密法、数据保护法、计算机安全、保护条例、计算机犯罪法等。

技术规范是调整人和物、人和自然界之间的关系准则。其内容十分广泛，包括各种技术标准和规程，如计算机安全标准、网络安全标准、操作系统安全标准、数据和信息安全标准、电磁泄露安全极限标准等。这些法律和技术标准是保证计算机系统安全的依据和主要的社会保障。

（二）管理安全

管理安全是指通过提高相关人员安全意识和制定严格的管理工作措施来保证计算机系统的安全，主要包括软硬件产品的采购、机房的安全保卫工作、系统运行的审计与跟踪、数据的备份与恢复、用户权限的分配、账号密码的设定与更改等方面。

许多计算机系统安全事故都是由于管理工作措施不到位及相关人员疏忽造成，如自己的账号和密码不注意保密导致被他人利用，随便使用来历不明的软件造成计算机感染病毒，重要数据不及时备份导致破坏后无法恢复。

（三）技术安全

计算机系统安全技术涉及的内容很多，尤其是在网络技术高速发展的今天。从使用出发，大体包括以下几个方面。

1.实体硬件安全

计算机实体硬件安全主要是指为保证计算机设备和通信线路以及设施、建筑物的安全，预防地震、水灾、火灾、飓风和雷击，满足设备正常运行环境的要求，还包括为保证机房的温度、湿度、清洁度、电磁屏蔽要求而采取的各种方法和措施。

2. 软件系统安全

软件系统安全主要是针对所有计算机程序和文档资料，保证它们免遭破坏、非法复制和非法使用而采取的技术与方法，包括操作系统平台、数据库系统、网络操作系统和所有应用软件的安全，同时还包括口令控制、鉴别技术、软件加密、压缩技术、软件防复制以及防跟踪技术。

3. 数据信息安全

数据信息安全主要是指为保证计算机系统的数据库、数据文件和所有数据信息免遭破坏、修改、泄露和窃取，为防止这些威胁和攻击而采取的一切技术、方法和措施。其中包括对各种用户的身份识别技术、口令或指纹验证技术、存取控制技术和数据加密技术，以及建立备份和系统恢复技术等。

4. 网络站点安全

网络站点安全是指为了保证计算机系统中的网络通信和所有站点的安全而采取的各种技术措施，除了包括防火墙技术外，还包括报文鉴别技术、数字签名技术、访问控制技术、压缩加密技术、密钥管理技术、保证线路安全或传输安全而采取的安全传输介质、网络跟踪、检测技术、路由控制隔离技术以及流量控制分析技术等。

5. 运行服务安全

计算机系统运行服务安全主要是指安全运行的管理技术，它包括系统的使用与维护技术、随机故障维护技术、软件可靠性和可维护性保证技术、操作系统故障分析处理技术、机房环境检测维护技术、系统设备运行状态实测和分析记录等技术。以上技术的实施目的在于及时发现运行中的异常情况，及时报警，提示用户采取措施或进行随机故障维修和软件故障的测试与维修，或进行安全控制和审计。

6. 病毒防治技术

计算机病毒威胁计算机系统安全，已成为一个重要的问题。要保证计算机系统的安全运行，除了运行服务安全技术措施外，还要专门设置计算机病毒检测、诊断、杀除设施，并采取系统的预防方法防止病毒再入侵。计算机病毒的防治涉及计算机硬件实体、计算机软件、数据信息的压缩和加密解密技术。

7.防火墙技术

防火墙是介于内部网络或 Web 站点与 Internet 之间的路由器或计算机，目的是提供安全保护，控制谁可以访问内部受保护的环境，谁可以从内部网络访问 Internet。Internet 的一切业务，从电子邮件到远程终端访问，都要受到防火墙的鉴别和控制。

第二节 计算机病毒

一、计算机病毒的概念

计算机病毒（computer virus）在《中华人民共和国计算机信息系统安全保护条例》中被明确定义，是指"编制或者在计算机程序中插入的破坏计算机功能或者毁坏数据，影响计算机使用，并且自我复制的一组计算机指令或者程序代码"。

计算机病毒其实就是一种程序，之所以把这种程序形象地称为计算机病毒，是因为其与生物医学上的"病毒"有类似的活动方式，同样具有传染和损失的特性。

现在流行的计算机病毒是人为故意编写的，多数病毒可以找到作者和产地信息，从大量的统计分析来看，病毒作者的主要情况和目的是：一些天才的程序员为了表现自己和证明自己的能力，出于对上司的不满，为了好奇，为了报复，为了祝贺和求爱，为了得到控制口令，为了软件拿不到报酬预留的陷阱等。当然也有因政治、军事、宗教、民族、专利等方面的需求而专门编写的，其中也包括一些病毒研究机构和黑客的测试病毒。

计算机病毒一般不是独立存在的，而是依附在文件上或寄生在存储媒体中，能对计算机系统进行各种破坏；同时有独特的复制能力，能够自我复制；具有传染性，可以很快地传播蔓延，当文件被复制或在网络中从一个用户传送到另一个用户时，它们就随同文件一起蔓延开来，但又常常难以根除。

二、计算机病毒的概念特征

计算机病毒作为一种特殊程序，一般具有以下特征。

（一）寄生性

计算机病毒寄生在其他程序之中，当执行这个程序时，病毒就起破坏作用，而在未启动这个程序之前，它是不易被人发觉的。

（二）传染性

是否具有传染性是判别一个程序是否为计算机病毒的最重要条件。计算机病毒是一段人为编制的计算机程序代码，这段程序代码一旦进入计算机并得以执行，它就会搜寻其他符合其传染条件的程序或存储介质，确定目标后再将自身代码插入其中，达到自我繁殖的目的。只要一台计算机染毒，如不及时处理，那么病毒会在这台计算机上迅速扩散，计算机病毒可通过各种可能的渠道，如 U 盘、计算机网络去传染其他的计算机。计算机病毒的传染性也包含了其寄生性特征，即病毒程序是嵌入宿主程序中，依赖宿主程序的执行而生存。

（三）潜伏性

大多数计算机病毒程序进入系统之后一般不会马上发作，而是能够在系统中潜伏一段时间，悄悄地进行传播和繁衍，当满足特定条件时才启动其破坏模块，也称发作。这些特定条件主要有：某个日期、时间；某种事件发生的次数，如病毒对磁盘访问次数、对中断调用次数、感染文件的个数和计算机启动次数等；某个特定的操作，如某种组合按键、某个特定命令、读写磁盘某扇区等。显然，潜伏性越好，病毒传染的范围就越大。

（四）隐蔽性

计算机病毒具有很强的隐蔽性，有的可以通过病毒软件检查出来，有的根本就查不出来，有的时隐时现、变化无常，这类病毒处理起来通常很困难。

（五）破坏性

计算机病毒发作时，对计算机系统的正常运行都会有一些干扰和破坏作用。主要造成计算机运行速度变慢、占用系统资源、破坏数据等，严重的则可能导致计算机系统和网络系统的瘫痪。即使是所谓的"良性病毒"，虽然没有任何破坏动作，但也会侵占磁盘空间和内存空间。

三、计算机病毒的分类

对计算机病毒的分类有多种标准和方法，其中按照传播方式和寄生方式，可将病毒分为引导型病毒、文件型病毒、复合型病毒、宏病毒、脚本病毒、蠕虫病毒、"特洛伊木马"程序等。

（一）引导型病毒

引导型病毒是一种寄生在引导区的病毒，病毒利用操作系统的引导模块放在某个固定的位置，并且控制权的转交方式是以物理位置为依据，而不是以操作系统引导区的内容为依据，因而病毒占据该物理位置即可获得控制权，而将真正的引导区内容搬家转移，待病毒程序执行后，将控制权交给真正的引导区内容，使这个带病毒的系统看似正常运转，而病毒已隐藏在系统中并伺机传染、发作。

（二）文件型病毒

寄生在可直接被 CPU 执行的机器码程序的二进制文件中的病毒，称为文件型病毒。文件型病毒是对计算机的源文件进行修改，使其成为新的带毒文件。一旦计算机运行该文件就会被感染，从而达到传播的目的。

（三）复合型病毒

复合型病毒是一种同时具备了"引导型"和"文件型"病毒某些特征的病毒。这类病毒查杀难度极大，所用的杀毒软件要同时具备杀两类病毒的能力。

（四）宏病毒

宏病毒是指一种寄生在 Office 文档中的病毒。宏病毒的载体是包含宏病毒的 Office 文档，传播的途径多种多样，可以通过各种文件发布途径进行传播，比如光盘、Internet 文件服务等，也可以通过电子邮件进行传播。

（五）脚本病毒

脚本病毒通常是用脚本语言（如 JavaScript、VBScript）代码编写的恶意代码，该病毒寄生在网页中，一般通过网页进行传布。该病毒通常会修改 IE 首页、注册表等的信息，造成用户使用计算机不方便。红色代码（Script. Redlof）、欢乐时光（VBS.Happytime）都是脚本病毒。

（六）蠕虫病毒

蠕虫病毒是一种常见的计算机病毒，与普通病毒有较大区别。该病毒并不专注于感染其他文件，而是专注于网络传播。该病毒利用网络进行复制和传播，传染途径是通过网络和电子邮件，可以在很短时间内蔓延整个网络，造成网络瘫痪。最初的蠕虫病毒在 DOS 环境下，病毒发作时会在屏幕上出现一条类似虫子的东西，胡乱吞吃屏幕上的字母并将其改形。"勒索病毒"和"求职信"都是典型的蠕虫病毒。

（七）"特洛伊木马"程序

"特洛伊木马"程序是一种秘密潜伏的能够通过远程网络进行控制的恶意程序。控制者可以控制被秘密植入木马的计算机的一切动作和资源，是恶意攻击者进行窃取信息等的工具。特洛伊木马没有复制能力，它的特点是伪装成一个实用工具或者一个可爱的游戏，这会诱使用户将其安装在自己的计算机上。

四、计算机病毒的危害

计算机病毒有感染性，它能广泛传播，但这并不可怕，可怕的是病毒的破坏性。一些良性病毒可能会干扰屏幕的显示，或使计算机的运行速度减慢；但一些恶性病毒会破坏计算机的系统资源和用户信息，造成无法弥补的损失。

无论是"良性病毒"，还是"恶意病毒"，计算机病毒总会对计算机的正常工作带来危害，主要表现在以下两个方面。

（一）破坏系统资源

大部分病毒在发作时，都会直接破坏计算机的资源。例如，格式化磁盘、改写文件分配表和目录区、删除重要文件或者用无意义的"垃圾"数据改写文件、破坏 COM5 设置等。轻则导致程序或数据丢失，重则造成计算机系统瘫痪。

（二）占用系统资源

寄生在磁盘上的病毒总要非法占用一部分磁盘空间，并且这些病毒会很快地传染，在短时间内感染大量文件，造成磁盘空间的严重浪费。

大多数病毒在动态下都是常驻内存的，这就必然抢占一部分系统资源。病毒所占用的基本内存长度大致与病毒本身长度相当。病毒抢占内存，导致内存减少，一部分软件不能运行。

病毒除占用存储空间外，还抢占中断、CPU 时间和设备接口等系统资源，从而干扰了系统的正常运行，使正常运行的程序速度变得非常慢。

目前，许多病毒都是通过网络传播的，某台计算机中的病毒可以通过网络在短时间内感染大量与之相连接的计算机。病毒在网络中传播时，占用了大量的网络资源，造成网络阻塞，使正常文件的传输速度变得非常缓慢，严重的会引起整个网络瘫痪。

五、计算机病毒发展的新技术

计算机病毒的广泛传播，推动了反病毒技术的发展。新的反病毒技术的出现，又迫使计算机病毒技术再次更新。两者相互激励，呈螺旋式上升，不断地提高各自的水平，在此过程中出现了许多计算机病毒新技术，其主要目的是使计算机病毒能够广泛地进行传播。

（一）抗分析病毒技术

抗分析病毒技术是针对病毒分析技术的，为了使病毒分析者难以清楚地分析出病毒原理，这种病毒综合采用了以下两种技术：

①加密技术。这是一种防止静态分析的技术，它使分析者无法在不执行病毒的情况下阅读加密过的病毒程序。

②反跟踪技术。此技术使分析者无法动态跟踪病毒程序的运行。

在无法静态分析和动态跟踪的情况下，病毒分析者是无法知道病毒工作原理的。

（二）隐蔽性病毒技术

计算机病毒刚开始出现时，人们对这种新生事物认识不足，计算机病毒不需要采取隐蔽技术就能达到广泛传播的目的。然而，当人们越来越了解计算机病毒，并有了一套成熟的检测病毒的方法时，病毒若广泛传播，就必须能够躲避现有的病毒检测技术。

难以被人发现是病毒的重要特性。隐蔽好，不易被发现，可以争取较长的存活期，造成大面积的感染，从而造成大面积的伤害。隐蔽自己不被发现的病毒技术称为隐蔽性病毒技术，它是与计算机病毒检测技术相对应的，此类病毒使自己融入运行环境中，隐蔽行踪，使病毒检测工具难以发现自己。一般来说，有什么样的病毒检测技术，就有相应的隐蔽性病毒技术。

若计算机病毒采用特殊的隐形技术，则在病毒进入内存后，用户几乎感觉不到它的存在。

（三）多态性病毒技术

多态性病毒是指采用特殊加密技术编写的病毒，这种病毒每感染一个对象，就采用随机方法对病毒主体进行加密，不断改变其自身代码，这样放入宿主程序中的代码互不相同，不断变化，同一种病毒就具有了多种形态。

多态性病毒的出现给传统的特征代码检测法带来了巨大的冲击，所有采用特征代码法的检测工具和清除病毒工具都不能识别它们。被多态性病毒感染的文件中附带着病毒代码，每次感染都使用随机生成的算法将病毒代码密码化。由于其组合的状态多得不计其数，所以不可能从该类病毒中抽出可作为依据的特征代码。

多态性病毒也存在一些无法弥补的缺陷，所以反病毒技术不能停留在先等待被病毒感染，然后用查毒软件扫描病毒，最后再杀掉病毒这样被动的状态。应该采取主动防御的措施，采用病毒行为跟踪的方法，在病毒要进行传染、破坏时发出警报，并及时阻止病毒做出任何有害操作。

（四）超级病毒技术

超级病毒技术是一种很先进的病毒技术。其主要目的是对抗计算机病毒的预防技术。

信息共享使病毒与正常程序有了汇合点。病毒借助信息共享能够获得感染正常程序、实施破坏的机会。如果没有信息共享，正常程序与病毒相互完全隔绝，没有任何接触机会，病毒便无法攻击正常程序。反病毒工具与病毒之间的关系也是如此。如果病毒作者能找到一种方法，当一个计算机病毒进行感染、破坏时，让反病毒工具无法接触到病毒，消除两者交互的机会，那么反病毒工具便失去了捕获病毒的机会，从而使病毒的感染、破坏过程得以顺利完成。

由于计算机病毒的感染、破坏必然伴随着磁盘的读、写操作，所以预防计算机病毒的关键在于，病毒预防工具能否获得运行的机会以对这些读、写操作进行判断分析。超级病毒技术就是在计算机病毒进行感染、破坏时，使病毒预防工具无法获得运行机会的病毒技术。

超级计算机病毒目前还比较少，因为它的技术还不为许多人所知，而且编制起来也相当困难。一旦这种技术被越来越多的人掌握，同时结合多态性病毒技术、插入性病毒技术，这类病毒将给反病毒的艰巨事业增加困难。

（五）插入性病毒技术

病毒感染文件时，一般将病毒代码放在文件头部，或者放在尾部，虽然可能对宿主代码做某些改变，但总地来说，病毒与宿主程序有明确界限。

插入性病毒在不了解宿主程序的功能及结构的情况下，能够将宿主程序拦腰截断。在宿主程序中插入病毒程序，此类病毒的编写也是相当困难的。如果对宿主程序的切断处理不当，则很容易死机。

（六）破坏性感染病毒技术

破坏性感染病毒技术是针对计算机病毒消除技术而设计的。计算机病毒消除技术是将被感染程序中的病毒代码摘除，使之变为无毒的程序。一般病毒感染文件时，不伤害宿主程序代码。有的病毒虽然会移动或变动部分宿主代码，但在内存运行时，还是要恢复其原样，以保证宿主程序正常运行。

破坏性感染病毒则将病毒代码覆盖式写入宿主文件，染毒后的宿主文件丢失了与病毒代码等长的源代码。如果宿主文件长度小于病毒代码长度，则宿主文件全部丢失，文件中的代码全部是病毒代码。一旦文件被破坏性感染病毒便如同得了绝症，被感染的文件，其宿主文件少则丢失几十字节，多则丢失几万字节，严重的甚至会全部丢失。如果宿主程序没有副本，感染后任何人、任何工具都无法补救，所以此种病毒无法做常规的杀毒处理。

一般的杀毒操作都不能消除此类病毒，它是杀毒工具不可逾越的障碍。破坏性病毒虽然恶毒，却很容易被发现，因为人们一旦发现一个程序不能完成它应有的功能，一般会将其删除，这样病毒根本无法向外传播，因而不会造成太大的危害。

综上所述，病毒技术是多种多样的，各个方面都对反病毒技术带来严重的挑战。计算机病毒不仅仅是数量上的增长，而且在理论和实践技术上均有较大的发展和突破。从目前来看，计算机病毒技术领先于反病毒技术。只有详细了解病毒原理以及病毒采用的各种技术，才能更好地防治病毒。也只有对病毒技术从理论、技术上做一些超前的研究，才能对新型病毒的出现做到心中有数，达到防患于未然的目的。

六、计算机病毒的防治

虽然计算机病毒的种类越来越多，手段越来越高明，破坏方式日趋多样化。但如果能采取适当、有效的防范措施，就能避免病毒的侵害，或者使病毒的侵害降到最低。对于一般计算机用户来说，对计算机病毒的防治可以从以下几个方面着手。

（一）安装正版杀毒软件

安装正版杀毒软件，并及时升级，定期扫描，可以有效降低计算机被感染病毒的概率。目前计算机反病毒市场上流行的反病毒产品很多，国内的著名杀毒软件有 360、瑞星、金山毒霸等，国外引进的著名杀毒软件有诺顿（norton）、卡巴斯基（kaspersky）等。

（二）及时升级系统安全漏洞补丁

及时升级系统安全漏洞补丁，不给病毒攻击的机会。庞大的 Windows 系统必然会存在漏洞，包括蠕虫、木马在内的一些计算机病毒会利用某些漏洞来入侵或攻击计算机。微软采用发布"补丁"的方式来堵塞已发现的漏洞，使用 Windows 的"自动更新"功能，及时下载和安装微软发布的重要补丁，能使这些利用系统漏洞的病毒随着相应漏洞的堵塞而失去活动能力。

（三）始终打开防火墙

防火墙具有很好的保护作用，入侵者必须首先穿越防火墙的安全防线，才能接触目标计算机。可以将防火墙配置成不同的保护级别，高级别的保护可能会禁止一些服务，如视频流等。

（四）不随便打开电子邮件附件

目前，电子邮件已成计算机病毒最主要的传播媒介之一，一些利用电子邮件进行传播的病毒会自动复制自身并向地址簿中的邮件地址发送。为了防止利用电子邮件进行病毒传播，对正常交往的电子邮件附件中的文件应进行病毒检查，确定无病毒后才打开或执行，至于来历不明或可疑的电子邮件则应立即予以删除。

（五）不轻易使用来历不明的软件

对于网上下载或其他途径获取的盗版软件，在执行或安装之前应对其进行病毒检查，即便未查出病毒，执行或安装后也应十分注意是否有异常情况，以便及时发现病毒的侵入。

（六）备份重要数据

反计算机病毒的实践告诉人们：对于与外界有交流的计算机，正确采取各种反病毒措施，能显著降低病毒侵害的可能和程度，但绝不能杜绝病毒的侵害。因此，做好数据备份是抗病毒的最有效和最可靠的方法，同时也是抗病毒的最后防线。

（七）留意观察计算机的异常表现

计算机病毒是一种特殊的计算机程序，只要在系统中有活动的计算机病毒存在，它总会露出蛛丝马迹，即使计算机病毒没有发作，寄生在被感染的系统中的计算机病毒也会使系统表现出一些异常症状，用户可以根据这些异常症状及早发现潜伏的计算机病毒。如果发现计算机速度异常慢、内存使用率过高，或出现不明的文件进程时，就要考虑计算机是否已经感染病毒，并及时查杀。

第三节　防火墙技术

一、防火墙的概念

Internet 的普及应用使人们充分享受了外面的精彩世界，但同时也给计算机系统带来了极大的安全隐患。黑客使用恶意代码（如蠕虫和木马）尝试查找未受保护的计算机。有些攻击仅仅是单纯的恶作剧，而有些攻击则是心怀恶意，如试图从计算机删除信息，使系统崩溃，或窃取个人信息，如密码或信用卡号。为了既能和外部互联网进行有效通信，又能保证内部网络或计算机系统的安全，防火墙技术应运而生。

防火墙的本义是指古代构筑和使用木质结构房屋的时候，为防止火灾的发生和蔓延，人们将坚固的石块堆砌在房屋周围作为屏障，这种防护构筑物就被称为"防火墙"。其实与防火墙一样起作用的就是"门"。如果没有门，各房间的人如何沟通呢，这些房间的人又如何进去呢？当火灾发生时，这些人又如何逃离现场呢？这个门就相当于防火墙技术中的"安全策略"，所以防火墙实际并不是一堵实心墙，而是带有一些小孔的墙。这些小孔就是用来留给那些允许进行的通信，在这些小孔中安装了过滤机制。

网络防火墙是用来在一个可信网络（如内部网）与一个不可信网络（如外部网）间起保护作用的一整套装置，在内部网和外部网之间的界面上构造一个保护层，并强制所有的访问或连接都必须经过这一保护层，在此进行检查和连接。只有被授权的通信才能通过此保护层，从而保护内部网络资源免遭非法入侵。

防火墙的安全意义是双向的，一方面可以限制外部网对内部网的访问，另一方面也可以限制内部网对外部网中不健康或敏感信息的访问。防火墙的实现技术一般分为两种：一种是分组过滤技术，一种是代理服务技术。分组过滤技术是基于路由的技术，其机理是由分组过滤路由对IP分组进行选择，根据特定组织机构的网络安全准则过滤掉某些IP地址分组，从而保护内部网络。代理服务技术是由一个高层应用网关作为代理服务器，对于任何外部网的应用连接请求首先进行安全检查，然后再与被保护网络应用服务器连接。代理服务器技术可使内、外网信息流动受到双向监控。

二、防火墙的功能

防火墙一般具有如下功能：

（一）访问控制

这是防火墙最基本也是最重要的功能，通过禁止或允许特定用户访问特定资源，保护网络的内部资源和数据。防火墙禁止非法授权的访问，因此需要识别哪个用户可以访问何种资源。

（二）内容控制

根据数据内容进行控制。例如，防火墙可以根据电子邮件的内容识别出垃圾邮件并过滤掉垃圾邮件。

（三）日志记录

防火墙能记录下经过防火墙的访问行为，包括内、外网进出的情况。一旦网络发生了入侵或者遭到破坏，就可以对日志进行审计和查询。

（四）安全管理

通过以防火墙为中心的安全方案配置，能将所有安全措施（如密码、加密、身份认证和审计等）配置在防火墙上。与将网络安全问题分散到各主机上相比，防火墙的这种集中式安全管理更经济、更方便。例如，在访问网络时，一次一个口令系统和其他的身份认证系统完全可以不必分散在各个主机上，而是集中在防火墙上。

（五）内部信息保护

通过利用防火墙对内部网络的划分，可实现内部网中重点网段的隔离，限制内部网络中不同部门之间互相访问，从而保障了网络内部敏感数据的安全。另外，隐私是内部网络非常关心的问题，一个内部网络中不引人注意的细节，可能包含了有关安全的线索而引起外部攻击者的兴趣，甚至由此而暴露了内部网络的某些安全漏洞。例如，Finger（一个查询用户信息的程序）服务能够显示当前用户名单以及用户的详细信息，DNS（域名服务器）能够提供网络中各主机的域名及相应的 IP 地址。防火墙可以隐藏那些透露内部细节的服务，以防止外部用户利用这些信息对内部网络进行攻击。

三、防火墙的类型

有多种方法对防火墙进行分类，从软、硬件形式上可以把防火墙分为软件防火墙、硬件防火墙以及芯片级防火墙。

（一）软件防火墙

软件防火墙运行于特定的计算机上，它需要客户预先安装好的计算机操作系统的支持，一般来说这台计算机就是整个网络的网关。俗称"个人防火墙"。软件防火墙就像其他的软件产品一样需要先在计算机上安装并做好配置才可以使用。防火墙厂商中做网络版软件防火墙最出名的莫过于 checkpoint。使用这类防火墙，需要网管对所工作的操作系统平台比较熟悉。

（二）硬件防火墙

硬件防火墙是指"所谓的硬件防火墙"。之所以加上"所谓"二字是针对芯片级防火墙来说。它们最大的差别在于是否基于专用的硬件平台。目前市场上大多数防火墙都是这种所谓的硬件防火墙，它们都基于 PC 架构，就是说，它们和普通的家庭用的 PC 没有太大区别。在这些 PC 架构计算机上运行一些经过裁剪和简化的操作系统，最常用的有老版本的 Unix、Linux 和 FreeBSD 系统。值得注意的是，由于此类防火墙采用的依然是别人的内核，因此依然会受到 OS（操作系统）本身的安全性影响。

传统硬件防火墙一般至少应具备三个端口，分别接内网、外网和 DMZ 区（非军事化区），现在一些新的硬件防火墙往往扩展了端口，常见的四端口防火墙一般将第四个端口作为配置口、管理端口。很多防火墙还可以进一步扩展端口数目。

（三）芯片级防火墙

芯片级防火墙基于专门的硬件平台，专有的 ASIC 芯片促使它们比其他种类的防火墙速度更快，处理能力更强，性能更高。做这类防火墙最出名的厂商有 NetScreen、Fortinet，Cisco 等。这类防火墙由于是专用操作系统，因此防火墙本身的漏洞比较少，不过价格相对比较昂贵。

防火墙技术虽然出现了许多，但总体来讲可分为"包过滤型"和"应用代理型"两大类。前者以以色列的 Checkpoint 防火墙和美国 Cisco 公司的 PIX 防火墙为代表，后者以美国 NAI 公司的 Gauntlet 防火墙为代表。

四、网络隔离技术与网闸应用

网络隔离（network isolation）主要是指把两个或两个以上可路由的网络（如 TCP/IP）通过不可路由的协议（如 IPX/SPX、NetBEUI 等）进行数据交换而达到隔离目的。由于其原理主要是采用了不同的协议，所以通常也叫协议隔离（protocol isolation）。

（一）网络隔离的技术分类

网络隔离技术主要分为下面三类。

1.基于代码、内容等隔离的反病毒和内容过滤技术

随着网络的迅速发展和普及，下载、浏览器、电子邮件、局域网等已成为最主要的病毒、恶意代码及文件的传播方式。防病毒和内容过滤软件可以将主机或网络隔离成相对"干净"的安全区域。

2.基于网络层隔离的防火墙技术

防火墙被称为网络安全防线中的第一道闸门，是目前企业网络与外部实现隔离的最重要手段。防火墙包括包过滤、状态检测、应用代理等基本结构。目前主流的状态检测不但可以实现基于网络层的 IP 包头和 TCP 包头的策略控制，还可以跟踪 TCP 会话状态，为用户提供了安全和效能的较好结合。

漏洞扫描、入侵检测和管理等技术并不直接"隔离"，而是通过旁路监测侦听、审计、管理等功能使安全防护作用最有效化。

3.基于物理链路层的物理隔离技术

物理隔离的思路源于逆向思维，即首先切断可能的攻击途径（如物理链路），再尽力满足用户的应用。物理隔离技术演变经历了几个阶段：双机双网通过人工磁盘复制实现网络间隔离；单机双网等通过物理隔离卡/隔离集线器切换机制实现终端隔离；隔离服务器实现网络间文件交换复制等。这些物理隔离方式对于信息交换实效性要求不高，仅局限于少量文件交换的小规模网络中采用。切断物理通路可以避免基于网络的攻击和入侵，但不能有效地阻止依靠磁盘复制传播的病毒、木马程序等流入内网。此外，采用隔离卡由于安全点分散容易造成管理困难。

（二）网络隔离的安全要点

网络隔离的安全要点包括以下几点。

1. 要具有高度的自身安全性

隔离产品要保证自身具有高度的安全性，理论上至少要比防火墙高一个安全级别。技术实现上，除了和防火墙一样对操作系统进行加固优化或采用安全操作系统外，关键在于要把外网接口和内网接口从一套操作系统中分离出来。也就是说至少要由两套主机系统组成，一套控制外网接口，另一套控制内网接口，在两套主机系统之间通过不可路由的协议进行数据交换。

2. 要确保网络之间是隔离的

保证网间隔离的关键是网络包不可路由到对方网络，无论中间采用了什么转换方法，只要最终使一方的网络包能够进入对方的网络中，都无法称之为隔离，即达不到隔离的效果。显然，只是对网间的包进行转发，并且允许建立端到端连接的防火墙，是没有任何隔离效果的。

3. 要保证网间交换的只是应用数据

既然要达到网络隔离，就必须做到彻底防范基于网络协议的攻击，即不能够让网络层的攻击包到达要保护的网络中，所以就必须进行协议分析，完成应用层数据的提取，然后进行数据交换，这样就把诸如 Smurf 和 SYN Flood 等网络攻击包彻底地阻挡在了可信网络之外，从而明显地增强了可信网络的安全性。

4. 要对网间的访问进行严格的控制和检查

作为一套适用于高安全度网络的安全设备，要确保每次数据交换都是可信的和可控制的，严格防止非法通道的出现，以确保信息数据的安全和访问的可审计性。所以必须施加一定的技术，保证每一次数据交换过程都是可信的，并且内容是可控制的，可采用基于会话的认证技术和内容分析与控制引擎等技术来实现。

5. 要在坚持隔离的前提下保证网络畅通和应用透明

隔离产品会部署在多种多样的复杂网络环境中，并且往往是数据交换的关键点，因此产品要具有很高的处理性能，不能成为网络交换的瓶颈，要有很好的稳定性：不能够出现时断时续的情况，要有很强的适应性，能够透明接入网络，并且透明支持多种应用。

（三）隔离网闸

物理隔离网闸最早出现在美国、以色列等国家的军方，用以保证涉密网络与公共网络连接时的安全。

网闸是使用带有多种控制功能的同态开关读写介质连接两个独立主机系统的信息安全设备。由于物理隔离网闸所连接的两个独立主机系统之间不存在通信的物理连接、逻辑连接、信息传输命令、信息传输协议，不存在依据协议的信息包转发，只有数据文件的无协议"摆渡"，且对固态存储介质只有"读"和"写"两个命令，所以物理隔离网闸从物理上隔离、阻断了具有潜在攻击可能的一切连接，使"黑客"无法入侵、无法攻击、无法破坏，实现了真正的安全。

隔离网闸（GAP，又称安全隔离网闸）技术是一种通过专用硬件使两个或者两个以上的网络在不连通的情况下，实现安全数据传输和资源共享的技术，它采用独特的硬件设计，能够显著地提高内部用户网络的安全强度。

GAP 技术的基本原理：切断网络之间的通用协议连接；将数据包进行分解或重组为静态数据；对静态数据进行安全审查，包括网络协议检查和代码扫描等；确认后的安全数据流入内部单元；内部用户通过严格的身份认证机制获取所需数据。

GAP 一般由三部分构成：内网处理单元、外网处理单元和专用隔离硬件交换单元。内网处理单元连接内部网，外网处理单元连接外部网，专用隔离硬件交换单元在任一时间点仅连接内网处理单元或外网处理单元，与两者间的连接受硬件电路控制高速切换。这种独特设计保证了专用隔离硬件交换单元在任一时刻仅连通内部网或者外部网，既满足了内部网与外部网网络物理隔离的要求，又能实现数据的动态交换。GAP 系统的嵌入式软件系统里内置了协议分析引擎、内容安全引擎和病毒查杀引擎等多种安全机制，可以根据用户需求实现复杂的安全策略。

GAP 系统可以广泛应用于银行、政府等部门的内部网络访问外部网络，也可用于内部网的不同信任域间的信息交互。

第四节 系统漏洞与补丁

一、操作系统漏洞和补丁简介

（一）系统漏洞

根据唯物史观的认识，这个世界上没有十全十美的东西存在。同样，作为软件界的代表性企业微软（Microsoft）生产的 Windows 操作系统同样也不会例外。随着时间的推移，它总是会有一些问题被发现，尤其是安全问题。

所谓系统漏洞，就是微软 Windows 操作系统中存在的一些不安全组件或应用程序。黑客们通常会利用这些系统漏洞，绕过防火墙、杀毒软件等安全保护软件，对安装 Windows 系统的服务器或者计算机进行攻击，从而控制被攻击计算机，如冲击波、震荡波等病毒都是很好的例子。一些病毒或流氓软件也会利用这些系统漏洞，对用户的计算机进行感染，以达到广泛传播的目的。这些被控制的计算机，轻则系统运行非常缓慢，无法正常使用；重则导致计算机上的用户关键信息被窃取。

（二）补丁

针对某一个具体的系统漏洞或安全问题而发布的专门解决该漏洞或安全问题的小程序，通常称为修补程序，也叫系统补丁或漏洞补丁。同时，漏洞补丁不限于 Windows 系统，大家熟悉的 Office 产品同样会有漏洞，也需要打补丁。微软公司为提高其开发的各种版本的 Windows 操作系统和 Office 软件的市场占有率，会及时地把软件产品中发现的重大问题以安全公告的形式公之于众，这些公告都有一个唯一的编号。

（三）不补漏洞的危害

在互联网日益普及的今天，越来越多的计算机连接到互联网，甚至某些计算机保持"始终在线"的连接，这样的连接使它们暴露在病毒感染、黑客入侵、拒绝服务攻击以及其他可能的风险面前。操作系统是一个基础的特殊软件，它是硬件、网络与用户的一个接口。不管用户在上面使用什么应用程序或享受怎样的服务，操作系统一定是必用的软件。因此它的漏洞如果不补，就像门不上锁一样的危险，轻则资源耗尽，重则感染病毒、隐私尽泄，甚至会产生经济上的损失。

二、操作系统漏洞的处理

当系统漏洞被发现以后，微软会及时发布漏洞补丁。通过安装补丁，就可以修补系统中相应的漏洞，从而避免这些漏洞带来的风险。

有多种方法可以给系统打漏洞补丁，例如，Windows 自动更新、微软的在线升级。各种杀毒、反恶意软件中也集成了漏洞检测及打漏洞补丁功能。下面介绍微软的在线升级及使用 360 安全卫士给系统打漏洞补丁的方法。

（一）微软的在线升级安装漏洞补丁

登录微软的软件更新网站 http：/windowsupdate.microsoft.com，单击页面上的"快速"按钮或者"自定义"按钮，该服务将自动检测系统需要安装的补丁，并列出需要安装更新的补丁。单击"安装更新程序"按钮后，即开始下载安装补丁。

登录微软的软件更新网站安装漏洞补丁时，必须开启"Windows 安全中心"中的"自动更新"功能，并且所使用操作系统必须是正版的，否则很难通过微软的正版验证。

（二）使用 360 安全卫士安装漏洞补丁

360 安全卫士中的"修复漏洞"功能相当于 Windows 中的"自动更新"功能，能检测用户系统中的安全漏洞，下载和安装来自微软官方网站的补丁。

要检测和修复系统漏洞，可单击"修复漏洞"标签，360 安全卫士即开始检测系统中的安全漏洞，检测完成后会列出需要安装更新的补丁。单击"立即修复"按钮，即开始下载和安装补丁。

第五节 系统备份与还原

一、用 Ghost 对系统备份和还原

病毒破坏、硬盘故障和误操作等各种原因，都有可能会引起 Windows 系统不能正常运行甚至系统崩溃，往往需要重新安装 Windows 系统。成功安装操作系统、安装运行在操作系统上的各种应用程序，短则几个小时，多则几天，所以重装系统是一项费时费力的工作。

通常系统安装完成以后，都要进行系统备份。系统发生故障时，利用系统备份进行系统还原。目前常用 Ghost 软件及 Windows 系统（Windows7 以上版本）中的备份与还原工具进行备份与还原。

Ghost 是 Symantec 公司的 Norton 系列软件之一，其主要功能是：能进行整个硬盘或分区的直接复制；能建立整个硬盘或分区的镜像文件，即对硬盘或分区备份，并能用镜像文件恢复还原整个硬盘或分区等。这里的分区是指主分区或扩展分区中的逻辑盘，如 C 盘。

利用 Ghost 对系统进行备份和还原时，Ghost 先为系统分区如 C 盘生成一个扩展为 gho 的镜像文件，当以后需要还原系统时，再用该镜像文件还原系统分区，仅仅需要几十分钟，就可以快速地恢复系统。

在系统备份和还原前应注意如下事项：

①在备份系统前，最好将一些无用的文件删除以减少 Ghost 文件的体积。通常无用的文件有：Windows 的临时文件夹、IE 临时文件夹、Windows 的内存交换文件，这些文件通常要占去 100 多兆硬盘空间。

②在备份系统前，整理目标盘和源盘，以加快备份速度。在备份系统前及恢复系统前，最好检查一下目标盘和源盘，纠正磁盘错误。

③在选择压缩率时，建议不要选择最高压缩率，因为最高压缩率非常耗时，而压缩率又没有明显的提高。

④在恢复系统时，最好先检查一下要恢复的目标盘是否有重要的文件还未转移，千万不要等硬盘信息被覆盖后才后悔莫及。

⑤在新安装了软件和硬件后，最好重新制作映像文件，否则很可能在恢复后出现一些莫名其妙的错误。

二、用 VHD 技术进行系统备份与还原

用 Ghost 对系统进行备份和还原时，不能在操作系统本身运行时进行，必须用第三方软件 Windows PE 启动系统后再进行备份和还原，比较麻烦。从 Windows7 开始，用户可以通过 VHD 技术在控制面板里为 Windows 创建完整的系统映像，选择将映像直接备份在硬盘上、网络中的其他计算机或者光盘上。

virtual hard disk（VHD）的中文名为虚拟硬盘。VHD 其实应该被称作 VHD 技术或 VHD 功能，就是能够把一个 VHD 文件虚拟成一个硬盘的技术，

VHD 文件其扩展名是 ".rhd"，一个 VHD 文件可以被虚拟成一个硬盘，在其中可以如在真实硬盘中一样操作：读取、写入、创建分区、格式化。

VHD 最早被 windows virtual PC（VPC，微软出品的虚拟机软件）所采用，VHD 是 VPC 创建的虚拟机的一部分，如同硬盘是电脑的一部分，VPC 虚拟机里的文件存放在 VHD 上如同电脑里的文件存在硬盘上，然后 VHD 被用于 Windows Vista 完整系统备份，就是将完整的系统数据保存在一个 VHD 文件之中（Windows7 以后的版本继承了此功能），在 Windows7 出现之前 VHD 一直不为人所知，但随着 Windows7 的横空出世 VHD 开始崭露头角乃至大放异彩。

由于 Windows7 已将 Windows Recovery Environment（Windows RE）集成在了系统分区，这使它的还原和备份一样容易实现。也就是说，Windows7 以上版本的操作系统可以不需要用第三方软件 Windows PE 启动后对系统进行备份和还原。

第六节 计算机新技术

一、计算机新技术及其应用

随着互联网技术的推陈出新，云计算、大数据和物联网已成为目前 IT 领域最有发展前景、最热门新兴技术，三者相互关联，相辅相成。三大前沿技术将成为影响全球科技格局和国家创新竞争力的趋势和核心技术。

一般来讲云计算，云端即网络资源，从云端来按需获取所需要的服务内容就是云计算。云计算是指 IT 基础设施的交付和使用模式，通过网络以按需、易扩展的方式获得所需的资源（硬件、平台、软件）。提供资源的网络被称为"云"。"云"中的资源在使用者看来是可以无限扩展的，并且可以随时获取，按需使用；随时扩展，按使用付费。这种特性经常被称为像水电一样使用 IT 基础设施。广义的云计算是指服务的交付和使用模式，指通过网络以按需、易扩展的方式获得所需的服务。这种服务可以是 IT 和软件、互联网相关的，也可以是任意其他的服务。

大数据（big data），就是指种类多、流量大、容量大、价值高、处理和分析速度快的真实数据汇聚的产物。大数据又称巨量资料或海量数据资源，指的是所涉及的资料量规模巨大到无法通过目前主流软件工具在合理时间内撷取、管理、处理，并整理成为帮助企业经营决策更积极的资讯。

简单理解：物物相连的互联网，即物联网。物联网在国际上又称为传感网，这是继计算机、互联网与移动通信网之后的又一次信息产业浪潮。世界上的万事万物，小到手表、钥匙，大到汽车、楼房，只要嵌入一个微型感应芯片，把它变得智能化，这个物体就可以"自动开口说话"。再借助无线网络技术，人们就可以和物体"对话"，物体和物体之间也能"交流"，这就是物联网。随着信息技术的发展，物联网行业应用版图不断增长。例如，智能交通、环境保护、政府工作、公共安全、平安家居、智能消防、工业监测、老人护理、个人健康、花卉栽培、水系监测、食品溯源等。

物联网产生大数据，大数据助力物联网。目前，物联网正在支撑起社会活动和人们生活方式的变革，被称为继计算机、互联网之后冲击现代社会的第三次信息化发展浪潮。物联网在将物品和互联网连接起来，进行信息交换和通信，以实现智能化识别、定位、跟踪、监控和管理，在其过程中，产生的大量数据也在影响着电力、医疗、交通、安防、物流、环保等领域商业模式的重新形成。物联网握手大数据，正在逐步显示出巨大的商业价值。

大数据是高速跑车，云计算是高速公路。在大数据时代，用户的体验与诉求已经远远超过了科研的发展，但是用户的这些需求却依然被不断地实现。在云计算、大数据的时代，那些科幻片中的统计分析能力已初具雏形，而这其中最大的功臣并非工程师和科学家，而是互联网用户，他们的贡献已远远超出科技十年的积淀。

物联网、云计算等新兴技术也将被应用到电子商务之中。电子商务产业链整合及物流配套，正是物联网、云计算这些新兴技术的"用武之地"。

二、大数据

大数据是近几年来新出现的一个名词，它相比传统的数据描述，具有不同的特征。

（一）大数据的概述

1. 大数据的定义

对于"大数据"（big data），研究机构 Gartner 给出了这样的定义："大数据"是需要新处理模式才能具有更强的决策力、洞察发现力和流程优化能力来适应海量、高增长率和多样化的信息资产。

麦肯锡研究公司给出的定义是：一种规模大到在获取、存储、管理、分析方面大大超出了传统数据库软件工具能力范围的数据集合，具有海量的数据规模、快速的数据流转、多样的数据类型和价值密度低四大特征。

大数据技术的战略意义不在于掌握庞大的数据信息，而在于对这些含有意义的数据进行专业化处理。换而言之，如果把大数据比作一种产业，那么这种产业实现盈利的关键，在于提高对数据的"加工能力"，通过"加工"实现数据的"增值"。

从技术上看，大数据与云计算的关系就像一枚硬币的正反面一样密不可分。大数据必然无法用单台的计算机进行处理，必须采用分布式架构。它的特色在于对海量数据进行分布式数据挖掘。但它必须依托云计算的分布式处理、分布式数据库和云存储、虚拟化技术。随着云时代的来临，大数据也吸引了越来越多的关注。分析师团队认为，大数据通常用来形容一个公司创造的大量非结构化数据和半结构化数据，这些数据在下载到关系型数据库用于分析时会花费过多时间和金钱。大数据分析常和云计算联系到一起，因为实时的大型数据集分析需要像 MapReduce 一样的框架来向数十、数百，甚至数千的计算机分配工作。

云计算和大数据两者之间结合后会产生如下效应：可以提供更多基于海量业务数据的创新型服务；通过云计算技术的不断发展降低大数据业务的创新成本。

大数据需要特殊的技术，以有效地处理大量的容忍经过时间内的数据。适用于大数据的技术，包括大规模并行处理（MPP）数据库、数据挖掘技术、分布式文件系统、分布式数据库、云计算平台、互联网和可扩展的存储系统。

2. 大数据的特征

业界（IBM 最早定义）将大数据的特征归纳为四个"V"：大量（Volume），多样（Variety），价值（Value），高速（Velocity）。或者说大数据特点有四个层面：第一，数据体量巨大，大数据的起始计量单位至少是 PB、EB 或 ZB；第二，数据类型繁多，比如，网络日志、视频、图片、地理位置信息等；第三，价值密度低，商业价值高；第四，处理速度快。最后这一点也是和传统的数据挖掘技术有着本质的不同。

存储单元最小的基本单位是 bit，按顺序给出所有单位：bit、Byte、KB、MB、GB、TB、PB、EB、ZB、YB、BB、NB、DB。

它们按照进率 1024（2 的 10 次方）来计算：

1 Byte =8 bit

1 KB=1 024 Bytes=8 192 bit

1 MB=1 024 KB=1 048 576 Bytes

1 GB=1 024 MB=1 048 576 KB

1 TB=1 024 GB=1 048 576 MB

1 PB=1 024 TB=1 048 576 GB

1 EB=1 024 PB=1 048 576 TB

1 ZB=1 024 EB=1 048 576 PB

1 YB=1 024 ZB=1 048 576 EB

1 BB=1 024 YB=1 048 576 ZB

1 NB=1 024 BB=1 048 576 YB

1 DB=1 024 NB=1 048 576 BB

除了上面的 4 个"V"以外，数据的真实性（Veracity）、复杂性（Complexity）和可变性（Variability）等也是大数据的特征。

3. 大数据的价值

现在的社会是一个高速发展的社会，科技发达，信息流通，人们之间的交流越来越密切，生活也越来越方便，大数据就是这个高科技时代的产物。

有人把数据比喻为蕴藏能量的煤矿。煤炭按照性质有焦煤、无烟煤、肥煤、贫煤等分类，而露天煤矿、深山煤矿的挖掘成本又不一样。与此类似，大数据并不在"大"，而在于"有用"。价值含量、挖掘成本比数量更为重要。对于很多行业而言，如何利用这些大规模数据成为赢得竞争的关键。

维克托·迈尔 - 舍恩伯格（Viktor Mayer-Schönberger）在《大数据时代》一书中举了百般例证，都是为了说明一个道理：在大数据时代已经到来的时候，要用大数据思维去发掘大数据的潜在价值。书中，作者提及最多的是 Google 如何利用人们的搜索记录挖掘数据二次利用价值，比如预测某地流感爆发的趋势；Amazon 如何利用用户的购买和浏览历史数据进行有针对性的书籍购买推荐，以此有效提升销售量；Farecast 如何利用过去十年所有的航线机票价格打折数据，来预测用户购买机票的时机是否合适。

因此，大数据思维是：①需要全部数据样本而不是抽样；②关注效率而不是精确度；③关注相关性而不是因果关系。

如果把大数据比作一种产业，那么这种产业实现盈利的关键在于提高对数据的"加工能力"，通过"加工"实现数据的"增值"。

Target 超市以 20 多种怀孕期间孕妇可能会购买的商品为基础，将所有用户的购买记录作为数据来源，通过构建模型分析购买者的行为相关性，能准确地推断出孕妇的具体临盆时间，这样 Target 的销售部门就可以有针对性地在每个怀孕顾客的不同阶段寄送相应的产品优惠券。

Target 案例印证了维克托·迈尔–舍恩伯格的一个很有指导意义的观点：通过找出一个关联物并监控它，就可以预测未来。Target 通过监测购买者购买商品的时间和品种来准确预测顾客的孕期，这就是对数据的二次利用的典型案例。如果，我们通过采集驾驶员手机的 GPS 数据，就可以分析出当前哪些道路正在堵车，并可以及时发布道路交通提醒；通过采集汽车的 GPS位置数据，就可以分析城市的哪些区域停车较多，这也代表该区域有着较为活跃的人群，这些分析数据适合卖给广告投放商。

不管大数据的核心价值是不是预测，但是基于大数据形成决策的模式已经为不少的企业带来了盈利和声誉。

从大数据的价值链条来分析，存在三种模式：

①手握大数据，但是没有利用好，比较典型的是金融机构、电信行业、政府机构等。

②没有数据，但是知道如何帮助有数据的人利用它，比较典型的是 IT咨询和服务企业，例如，Accenture、IBM、Oracle 等。

③既有数据，又有大数据思维，比较典型的是 Google、Amazon、Mas-tercard 等。

未来在大数据领域最具有价值的是两种事物：第一是拥有大数据思维的人，这种人可以将大数据的潜在价值转化为实际利益；第二是还未被大数据触及过的业务领域。这些是还未被挖掘的油井、金矿，是所谓的蓝海。

大数据的价值体现在以下几个方面：

①对大量消费者提供产品或服务的企业可以利用大数据进行精准营销。

②做小而美模式的中小企业可以利用大数据做服务转型。

③面临互联网压力必须转型的传统企业需要与时俱进充分利用大数据的价值。

不过，"大数据"在经济发展中的巨大意义并不代表其能取代一切对于社会问题的理性思考，科学发展的逻辑不能被湮没在海量数据中。

4. 大数据的发展趋势

就现如今大数据发展状况来看，呈如下发展趋势：

①数据的资源化。资源化，是指大数据成为企业和社会关注的重要战略资源，并已成为大家争相抢夺的新焦点。因此，企业必须要提前制订大数据营销战略计划，抢占市场先机。

②与云计算的深度结合。大数据离不开云处理，云处理为大数据提供了弹性可拓展的基础设备，是产生大数据的平台之一。自2013年开始，大数据技术已开始和云计算技术紧密结合，预计未来两者关系将更为密切。除此之外，物联网、移动互联网等新兴计算形态也将一起助力大数据革命，让大数据营销发挥出更大的影响力。

③科学理论的突破。随着大数据的快速发展，就像计算机和互联网一样，大数据很有可能是新一轮的技术革命。随之兴起的数据挖掘、机器学习和人工智能等相关技术，可能会改变数据世界里的很多算法和基础理论，实现科学技术上的突破。

④数据科学和数据联盟的成立。未来，数据科学将成为一门专门的学科，被越来越多的人所认知。各大高校将设立专门的数据科学类专业，也会催生一批与之相关的新的就业岗位。与此同时，基于数据这个基础平台，也将建立起跨领域的数据共享平台，之后，数据共享将扩展到企业层面，并且成为未来产业的核心一环。

⑤数据泄露泛滥。未来几年数据泄露事件的增长率也许会达到100%，除非数据在其源头就能够得到安全保障。可以说，在未来，每个财富500强企业都会面临数据攻击，无论它们是否已经做好安全防范。而所有企业，无论规模大小，都需要重新审视今天的安全定义。在财富500强企业中，超过50%将会设置首席信息安全官这一职位。企业需要从新的角度来确保自身以及客户数据，所有数据在创建之初便需要获得安全保障，而并非在数

据保存的最后一个环节，仅仅加强后者的安全措施已被证明于事无补。

⑥数据管理成为核心竞争力。数据管理成为核心竞争力，直接影响财务表现。当"数据资产是企业核心资产"的概念深入人心之后，企业对于数据管理便有了更清晰的界定，将数据管理作为企业核心竞争力，持续发展，战略性规划与运用数据资产，成为企业数据管理的核心。数据资产管理效率与主营业务收入增长率、销售收入增长率显著正相关。此外，对于具有互联网思维的企业而言，数据资产竞争力所占比重为36.8%，数据资产的管理效果将直接影响企业的财务表现。

⑦数据质量是BI（商业智能）成功的关键。采用自助式商业智能工具进行大数据处理的企业将会脱颖而出。其中面临的一个挑战是，很多数据源会带来大量低质量数据。想要成功，企业需要理解原始数据与数据分析之间的差距，从而消除低质量数据并通过BI获得更佳决策。

⑧数据生态系统复合化程度加强。大数据的世界不只是一个单一的、巨大的计算机网络，而是一个由大量活动构件与多元参与者元素所构成的生态系统，终端设备提供商、基础设施提供商、网络服务提供商、网络接入服务提供商、数据服务使能者、数据服务提供商、触点服务、数据服务零售商等一系列的参与者共同构建的生态系统。而今，这样一套数据生态系统的基本雏形已然形成，接下来的发展将趋向于系统内部角色的细分，也就是市场的细分；系统机制的调整，也就是商业模式的创新；系统结构的调整，也就是竞争环境的调整等，从而使数据生态系统复合化程度逐渐增强。

2.大数据的相关技术

大数据技术，就是从各种类型的数据中快速获得有价值信息的技术。大数据领域已经涌现出了大量新的技术，它们成为大数据采集、存储、处理和呈现的有力武器。

大数据技术一般包括：大数据采集、大数据预处理、大数据存储及管理、大数据分析及挖掘、大数据展现和应用（大数据检索、大数据可视化、大数据应用、大数据安全等）。

（1）大数据采集技术

数据是指通过RFD射频数据、传感器数据、社交网络交互数据及移动互联网数据等方式获得的各种类型的结构化、半结构化（或称之为弱结构化）

及非结构化的海量数据，是大数据知识服务模型的根本。重点要突破分布式高速高可靠数据撷取或采集、高速数据全映像等大数据收集技术；突破高速数据解析、转换与装载等大数据整合技术；设计质量评估模型，开发数据质量技术。

大数据采集一般分为大数据智能感知层和基础支撑层，智能感知层主要包括数据传感体系、网络通信体系、传感适配体系、智能识别体系及软硬件资源接入系统，实现对结构化、半结构化、非结构化的海量数据的智能化识别、定位、跟踪、接入、传输、信号转换、监控、初步处理和管理等。必须着重攻克针对大数据源的智能识别、感知、适配、传输、接入等技术。基础支撑层提供大数据服务平台所需的虚拟服务器，结构化、半结构化及非结构化数据的数据库及物联网络资源等基础支撑环境。重点攻克分布式虚拟存储技术，大数据获取、存储、组织、分析和决策操作的可视化接口技术，大数据的网络传输与压缩技术，大数据隐私保护技术等。

（2）大数据预处理技术

大数据预处理技术主要完成对已接收数据的辨析、抽取、清洗等操作。

①辨析：数据辨析是指用适当的统计分析方法对收集来的大量数据进行分析，将它们加以汇总和理解并消化，以求最大化地开发数据的功能，发挥数据的作用。数据辨析是为了提取有用信息和形成结论而对数据加以详细研究和概括总结的过程。

②抽取：因获取的数据可能具有多种结构和类型，数据抽取过程可以帮助我们将这些复杂的数据转化为单一的或便于处理的构型，以达到快速分析处理的目的。

③清洗：对于大数据，并不全是有价值的，有些数据并不是我们所关心的内容，有些数据则是完全错误的干扰项，因此要对数据通过过滤"去噪"从而提取出有效的数据。

（3）大数据存储及管理技术

大数据存储与管理要用存储器把采集到的数据存储起来，建立相应的数据库，并进行管理和调用。重点解决复杂结构化、半结构化和非结构化大数据管理与处理技术。主要解决大数据的可存储、可表示、可处理、可靠性及有效传输等几个关键问题。

开发新型数据库技术。数据库分为关系型数据库、非关系型数据库以及数据库缓存系统。其中，非关系型数据库主要指的是 NoSQL 数据库，分为：键值数据库、列存数据库、图存数据库以及文档数据库等类型。关系型数据库包含了传统关系数据库系统以及 NewSQL 数据库。

开发大数据安全技术。改进数据销毁、透明加解密、分布式访问控制、数据审计等技术；突破隐私保护和推理控制、数据真伪识别和取证、数据持有完整性验证等技术。

（4）大数据分析及挖掘技术

大数据分析技术。改进已有数据挖掘和机器学习技术；开发数据网络挖掘、特异群组挖掘、图挖掘等新型数据挖掘技术；突破基于对象的数据连接、相似性连接等大数据融合技术；突破用户兴趣分析、网络行为分析、情感语义分析等面向领域的大数据挖掘技术。

数据挖掘就是从大量的、不完全的、有噪声的、模糊的、随机的实际应用数据中，提取隐含在其中的、人们事先不知道的，但又是潜在有用的信息和知识的过程。数据挖掘涉及的技术方法很多，有多种分类法。根据挖掘任务可分为分类或预测模型发现、数据总结、聚类、关联规则发现、序列模式发现、依赖关系或依赖模型发现、异常和趋势发现等；根据挖掘对象可分为关系数据库、面向对象数据库、空间数据库、时态数据库、文本数据源、多媒体数据库、异质数据库、遗产数据库以及 Web；根据挖掘方法，可粗分为机器学习方法、统计方法、神经网络方法和数据库方法。机器学习中，可细分为归纳学习方法（决策树、规则归纳等）、基于范例学习、遗传算法等。统计方法中，可细分为回归分析（多元回归、自回归等）、判别分析（贝叶斯判别、费歇尔判别、非参数判别等）、聚类分析（系统聚类、动态聚类等）、探索性分析（主元分析法、相关分析法等）等。神经网络方法中，可细分为前向神经网络（BP 算法等）、自组织神经网络（自组织特征映射、竞争学习等）等。数据库方法主要是多维数据分析或 OLAP 方法，另外还有面向属性的归纳方法。

从挖掘任务和挖掘方法的角度，着重突破：

①可视化分析。数据可视化无论对于普通用户还是数据分析专家，都是最基本的功能。数据图像化可以让数据自己说话，让用户直观感受到结果。

②数据挖掘算法。图像化是将机器语言翻译给人看，而数据挖掘就是机器的母语。分割、集群、孤立点分析还有各种各样五花八门的算法让我们精练数据，挖掘价值。这些算法一定要能够应付大数据的量，同时还具有很高的处理速度。

③预测性分析。预测性分析可以让分析师根据图像化分析和数据挖掘的结果做出一些前瞻性判断。

④语义引擎。语义引擎需要涉及足够的人工智能以从数据中主动地提取信息。语言处理技术包括机器翻译、情感分析、舆情分析、智能输入、问答系统等。

⑤数据质量和数据管理。透过标准化流程和机器对数据进行处理可以确保获得一个预设质量的分析结果。

（5）大数据展现与应用技术

大数据技术能够将隐藏于海量数据中的信息和知识挖掘出来，为人类的社会经济活动提供依据，从而提高各个领域的运行效率，大大提高整个社会经济的集约化程度。在我国，大数据将重点应用于以下三大领域：商业智能、政府决策、公共服务。例如，商业智能技术，政府决策技术，电信数据信息处理与挖掘技术，电网数据信息处理与挖掘技术，气象信息分析技术，环境监测技术，警务云应用系统（道路监控、视频监控、网络监控、智能交通、反电信诈骗、指挥调度等公安信息系统），大规模基因序列分析比对技术，Web 信息挖掘技术，多媒体数据并行化处理技术，影视制作渲染技术，其他各种行业的云计算和海量数据处理应用技术等。

3. 大数据的架构

随着互联网、移动互联网和物联网的发展，谁也无法否认，海量数据的时代已经到来，这些海量数据的分析已经成为一个非常重要且紧迫的需求。

Hadoop 由 Apache Software Foundation 公司于 2005 年秋天作为 Lucene 的子项目 Nutch 的一部分正式引入。它受到最先由 Google Lab 开发的 Map/Reduce 和 Google File System（GFS）的启发。Hadoop 在可伸缩性、健壮性、计算性能和成本上具有无可替代的优势，事实上已成为当前互联网企业主流的大数据分析平台。

（1）Hadoop 概述

Hadoop 主要由两部分组成，分别是分布式文件系统和分布式计算框架 MapReduce。其中，分布式文件系统主要用于大规模数据的分布式存储，而 MapReduce 则构建在分布式文件系统之上，对存储在分布式文件系统中的数据进行分布式计算。

在 Hadoop 中，MapReduce 层的分布式文件系统是独立模块，用户可按照约定的一套接口实现自己的分布式文件系统，然后经过简单的配置后，存储在该文件系统上的数据便可以被 MapReduce 处理。Hadoop 默认使用的分布式文件系统是 Hadoop 分布式文件系统（hadoop distributed file system，HFDS），它与 MapReduce 框架紧密结合。

（2）Hadoop HDFS 架构

HDFS 是 Hadoop 分布式文件系统的缩写，为分布式计算存储提供了底层支持。采用 Java 语言开发，可以部署在多种普通的廉价机器上，以集群处理数量积达到大型主机处理性能。

① HDFS 架构原理

HDFS 架构总体上采用了 Master/Slave 架构，一个 HDFS 集群包含一个单独的名称节点（NameNode）和多个数据节点（DataNode）。

NameNode 作为 Master 服务，它负责管理文件系统的命名空间和客户端对文件的访问。

NameNode 会保存文件系统的具体信息，包括文件信息、文件被分割成具体 Block 块的信息以及每一个 Block 块归属的 DataNode 的信息。对于整个集群来说，HDFS 通过 NameNode 对用户提供了一个单一的命名空间。

DataNode 作为 Slave 服务，在集群中可以存在多个。通常每一个 DataNode 都对应于一个物理节点。DataNode 负责管理节点上它们拥有的存储，它将存储划分为多个 Block 块，管理 Block 块信息，同时周期性地将其所有的 Block 块信息发送给 NameNode。

文件写入时，Client 向 NameNode 发起文件写入的请求，NameNode 根据文件大小和文件块配置情况，返回给 Client 所管理的 DataNode，Client 将文件划分为多个 Block 块，并根据 DataNode 的地址信息，按顺序写入每一个 DataNode 块中。

当文件读取，Client 向 NameNode 发起文件读取的请求，NameNode 返回文件存储的 Block 块信息及 Block 块所在 DataNode 的信息，Client 读取文件信息。

② HDFS 数据备份

HDFS 被设计成一个可以在大集群中、跨机器、可靠的存储海量数据的框架。它将所有文件存储成 Block 块组成的序列，除了最后一个 Block 块，所有的 Block 块大小都是一样的。文件的所有 Block 块都会因为容错而被复制。每个文件的 Block 块大小和容错复制份数都是可配置的。容错复制份数可以在文件创建时配置，后期也可以修改。HDFS 中的文件默认规则是一次写、多次读的，并且严格要求在任何时候只有一个 writer。NameNode 负责管理 Block 块的复制，它周期性地接收集群中所有 DataNode 的心跳数据包和 Blockreport。心跳包表示 DataNode 正常工作，Blockreport 描述了该 DataNode 上所有的 Block 组成的列表。

a. 备份数据的存放。备份数据的存放是 HDFS 可靠性和性能的关键。HDFS 采用一种称为 rack-aware 的策略来决定备份数据的存放。通过一个称为 Rack Awareness 的过程，NameNode 决定每个 DataNode 所属 Rack Id。缺省情况下，一个 Block 块会有三个备份，一个在 NameNode 指定的 DataNode 上，一个在指定 DataNode 非同一 Rack 的 DataNode 上，一个在指定 DataNode 同一 Rack 的 DataNode 上。这种策略综合考虑了同一 Rack 失效以及不同 Rack 之间数据复制性能问题。

b. 副本的选择。为了降低整体的带宽消耗和读取延时，HDFS 会尽量读取最近的副本。如果在同一个 Rack 上有一个副本，那么就读该副本。如果一个 HDFS 集群跨越多个数据中心，那么将首先尝试读本地数据中心的副本。

c. 安全模式。系统启动后先进入安全模式，此时系统中的内容不允许修改和删除，直到安全模式结束。安全模式主要检查各个 DataNode 上数据块的安全性。

（3）MapReduce

① MapReduce 来源

MapReduce 是由 Google 在一篇论文中提出并广为流传的。它最早是由 Google 提出的一个软件架构，用于大规模数据集群分布式运算。任务的分解（Map）与结果的汇总（Reduce）是其主要思想。Map 就是将一个任务分解成多个任务，Reduce 就是将分解后的多个任务分别处理，并将结果汇总为最终结果。

② MapReduce 架构

同 HDFS 一样，MapReduce 也采用了 Master/Slave 架构。它主要由以下几个组件组成：Client、JobTracker、TaskTracker 和 Task。

用户编写的 MapReduce 程序通过 Client 提交到 JobTracker 端；同时，用户可通过 Client 提供的一些接口查看作业运行状态。在 Hadoop 内部用"作业"（Job）表示 MapReduce 程序。一个 MapReduce 程序可对应若干个作业，而每个作业会被分解成若干个 MapReduce 任务（Task）。

JobTracker 主要负责资源监控和作业调度。JobTracker 监控所有 TaskTracker 与作业的健康状况，一旦发现失败情况后，其会将相应的任务转移到其他节点；同时，JobTracker 会跟踪任务的执行进度、资源使用量等信息，并将这些信息告诉任务调度器，而调度器会在资源出现空闲时，选择合适的任务使用这些资源。在 Hadoop 中，任务调度器是一个可插拔的模块，用户可以根据自己的需要设计相应的调度器。

TaskTracker 会周期性地通过 heartbeat 将本节点上资源的使用情况和任务的运行进度汇报给 JobTracker，同时接收 JobTracker 发送过来的命令并执行相应的操作（如启动新任务、杀死任务等）。TaskTracker 使用"Slot"等量划分本节点上的资源量。"Slot"代表计算资源（CPU、内存等）。一个 Task 获取到一个 Slot 后才有机会运行，而 Hadoop 调度器的作用就是将各个 TaskTracker 上的空闲 Slot 分配给 Task 使用。Slot 分为 Mapslot 和 Reduceslot 两种，分别供 Map Task 和 Reduce Task 使用。TaskTracker 通过 Slot 数目（可配置参数）限定 Task 的并发度。

Task 分为 Map Task 和 Reduce Task 两种，均由 TaskTracker 启动。HDFS 以固定大小的 Block 为基本单位存储数据，而对于 MapReduce 而言，其处理单位是 Split。Split 是一个逻辑概念，它只包含一些元数据信息，比如数据起始位置、数据长度、数据所在节点等。它的划分方法完全由用户自己决定。但需要注意的是，split 的多少决定了 Map Task 的数目，因为每个 Split 会交由一个 Map Task 处理。

③ MapReduce 处理流程

MapReduce 处理流程主要分为输入数据→ Map 分解任务→执行并返回结果→ Reduce 汇总结果→输出结果。

三、物联网

物联网是新一代信息技术的重要组成部分，也是"信息化"时代的重要发展阶段。物联网在国际上又称为传感网，这是继计算机、互联网与移动通信网之后的又一次信息产业浪潮。世界上的万事万物，小到手表、钥匙，大到汽车、楼房，只要嵌入一个微型感应芯片，把它变得智能化，这个物体就可以"自动开口说话"。再借助无线网络技术，人们就可以和物体"对话"，物体和物体之间也能"交流"，这就是物联网。

（一）物联网的概述

物联网其英文名称："Internet of Things（IoT）"。顾名思义，物联网就是物物相连的互联网。这有两层意思：其一，物联网的核心和基础仍然是互联网，是在互联网基础上的延伸和扩展的网络；其二，其用户端延伸和扩展到了任何物品与物品之间，进行信息交换和通信，也就是物物相连。

1. 物联网的定义

物联网的概念是在 1999 年提出的，它的定义很简单：即通过射频识别（RFID）（RFID ＋互联网）、红外感应器、全球定位系统、激光扫描器、气体感应器等信息传感设备，按约定的协议，把任何物品与互联网连接起来，进行信息交换和通信，以实现智能化识别、定位、跟踪、监控和管理的一种网络。简而言之，物联网就是"物物相连的互联网"。

这里的"物"要满足以下条件才能够被纳入"物联网"的范围：

①要有相应信息的接收器。

②要有数据传输通路。

③要有一定的存储功能。

④要有 CPU。

⑤要有操作系统。

⑥要有专门的应用程序。

⑦要有数据发送器。

⑧遵循物联网的通信协议。

⑨在世界网络中有可被识别的唯一编号。

2.物联网的用途范围及价值

物联网用途广泛，遍及公共事务管理、公共社会服务和经济发展建设等多个领域。

物联网把新一代IT技术充分运用在各行各业之中，具体地说，就是把感应器嵌入和装备到电网、铁路、桥梁、隧道、公路、建筑、供水系统、大坝、油气管道等各种物体中，然后将"物联网"与现有的互联网整合起来，实现人类社会与物理系统的整合，在这个整合的网络当中，存在能力超级强大的中心计算机群，能够对整合网络内的人员、机器、设备和基础设施实施实时的管理和控制，在此基础上，人类可以以更加精细和动态的方式管理生产和生活，达到"智慧"状态，提高资源利用率和生产力水平，改善人与自然间的关系。

（二）物联网的系统架构

虽然物联网的定义目前没有统一的说法，但物联网的技术体系结构基本得到统一认识，分为感知层、网络层、应用层三个大层次。

感知层是让物品"说话"的先决条件，主要用于采集物理世界中发生的物理事件和数据，包括各类物理量、身份标识、位置信息、音频、视频数据等。物联网的数据采集涉及传感器、RFID、多媒体信息采集、二维码和实时定位等技术。感知层又分为数据采集与执行、短距离无线通信两个部分。数据采集与执行主要是运用智能传感器技术、身份识别以及其他信息采集技术，对物品进行基础信息采集，同时接收上层网络送来的控制信息，完成相应执行动作。这相当于给物品赋予了嘴巴、耳朵和手，既能向网络表达自己的各种信息，又能接收网络的控制命令，完成相应动作。短距离无线通信能完成小范围内的多个物品的信息集中与互通功能，相当于物品的脚。

网络层完成大范围的信息沟通，主要借助于已有的广域网通信系统（如PSTN网络、4G/5G移动网络、互联网等），把感知层感知到的信息快速、可靠、安全地传送到地球的各个地方，使物品能够进行远距离、大范围的通信，以实现在地球范围内的通信。这相当于人借助火车、飞机等公众交通系统在地球范围内的交流。当然，现有的公众网络是针对人的应用而设计的，当物联网大规模发展之后，能否完全满足物联网数据通信的要求还有待验证。即便如此，在物联网的初期，借助已有公众网络进行广域网通信也是必然的选择，如同 20 世纪 90 年代中期在 ADSL 与小区宽带发展起来之前，用电话线进行拨号上网一样，它也发挥了巨大的作用，完成了其应有的阶段性历史任务。

应用层完成物品信息的汇总、协同、共享、互通、分析、决策等功能，相当于物联网的控制层、决策层。物联网的根本还是为人服务，应用层完成物品与人的最终交互，前面两层将物品的信息大范围地收集起来，汇总在应用层进行统一分析、决策，用于支撑跨行业、跨应用、跨系统之间的信息协同、共享、互通，提高信息的综合利用度，最大限度地为人类服务。其具体的应用服务又回归到前面提到的各个行业应用，如智能交通、智能医疗、智能家居、智能物流、智能电力等。

（三）物联网的关键技术

物联网的关键技术主要涉及信息感知与处理、短距离无线通信、广域网通信系统、云计算、数据融合与挖掘、安全、标准、新型网络模型、如何降低成本等技术。

1.信息感知与处理

要让物品"说话"，人要听懂物品的话，看懂物品的动作，传感器是关键。传感器有三个关键问题：

①是物品的种类繁多、各种各样、千差万别，物联网末端的传感器也就种类繁多，不像电话网、互联网的末端是针对人的，种类可以比较单一。

②是物品的数量巨大，远远大于地球上人的数量，其统一编址的数量巨大，IPv4 针对人的应用都已经地址枯竭，IP6 地址众多，但它是针对人用终端设计的，对物联网终端，其复杂度、成本、功耗都是有待解决的问题。

③是成本问题，互联网终端针对人的应用，成本可在千元级，物联网终端由于数量巨大，其成本、功耗等都有更加苛刻的要求。

2.短距离无线通信

短距离无线通信也是感知层中非常重要的一个环节，由于感知信息的种类繁多，各类信息的传输对所需通信带宽、通信距离、无线频段、功耗要求、成本敏感度等都存在很大的差别，因此在无线局域网方面与以往针对人的应用存在巨大不同，如何适应这些要求也是物联网的关键技术之一。

3. 广域网通信系统

现有的广域网通信系统也主要是针对人的应用模型来设计的，在物联网中，其信息特征不同，对网络的模型要求也不同，物联网中的广域网通信系统如何改进、如何演变是需要在物联网的发展中逐步探索和研究的。

4. 数据融合与挖掘

现有网络主要还是信息通道的作用，对信息本身的分析处理并不多，目前各种专业应用系统的后台数据处理也是比较单一的。物联网中的信息种类、数量都成倍增加，其需要分析的数据量成级数增加，同时还涉及多个系统之间各种信息数据的融合问题，如何从海量数据中挖掘隐藏信息等问题，这都给数据计算带来了巨大挑战。

5. 安全

物联网的安全与现有信息网络的安全问题不同，它不仅包含信息的保密安全，同时还新增了信息真伪鉴别方面的安全。互联网中的信息安全主要是信息保密安全，信息本身的真伪主要是依靠信息接收者一人来鉴别，但在物联网环境和应用中，信息接收者、分析者都是设备本身，其信息源的真伪就显得更加突出和重要。并且信息保密安全的重要性比互联网的信息安全更重要。如果安全性不高，一是用户不敢使用物联网，物联网的推广难；二是整个物质世界容易处于极其混乱的状态，其后果不堪设想。

6. 标准

不管哪种网络技术，标准是关键，物联网涉及的环节更多，终端种类更多，其标准也更多。必须有标准，才能使各个环节的技术互通，才能融入更多的技术，才能把这个产业做大。在国家层面，标准更是保护国家利益和信息安全的最佳手段。

7. 成本

成本问题，表面上不是技术问题，但实际上成本最终是由技术决定的，是更复杂的技术问题。相同的应用，用不同的技术手段，不同的技术方案，成本千差万别。早期的一些物联网应用，起初想象都很美好，但实际市场推广却不够理想，其中很重要的原因就是受成本的限制。因此，如何降低物联网各个网元和环节的成本至关重要，甚至是决定物联网推广速度的关键，应该作为最重要的关键技术来对待和研究。

第六章 计算机仿真模型研究

第一节 计算机系统模型

一、系统建模

模型是对实际系统的一种抽象描述，常常用数学公式、图、表及其他形式化语言等形式表示，它通过对客观世界的反复认识、分析，经过多次相似整合过程得到的结果。系统模型的建立需要对输入、输出状态变量及其间的函数关系进行抽象，这种抽象过程称为理论构造。抽象中，必须联系真实系统与建模目标，先提出一个详细描述系统的复杂抽象模型，并在此基础上不断增加细节到原来的抽象中去，使抽象不断具体化，最后使用形式化语言描述系统内在联系和变化规律，实现系统和模型间的相似关系。

影响一个系统的因素比较多，如果想把全部影响因素都反映到模型中来，这样的模型就很难甚至是不可能建立的。因此，模型应该既能反映实际系统的表征和内在特征，又不至于太复杂。建模过程的关键一步应当是注重模型简化，它可以为复杂系统准备一个在计算机分析上比实际情况更容易处理而又能提供关于原来系统足够多的信息的系统，从而使得出的模型最大可能地近似等效于原系统。

系统建模属于系统辨识的范畴，为了实现研究系统的目的，还需要从仿真技术上进行研究，建立仿真模型。仿真模型指的是针对不同形式的系统模型研究其求解算法，使其在计算机上得到实现的可计算模型。

（一）建模基本途径及原则

传统的建模方法基本上有两大类：机理分析法和实验统计法。近些年建模方法又有了新的发展，常见的方法有：机理分析法、直接相似法、系统辨别法、回归统计法、概率统计法、量纲分析法、网络图论法、图解法、模糊集论法、蒙特卡洛法、层次分析法、"隔舱"系统法定性推理法、"灰色"系统法、多分面法、分析—统计法及计算机辅助建模法等。

1. 建模基本途径

（1）机理建模法

该方法倾向于运用先验信息，根据一些假设和基本原理，通过数学上的逻辑推导和演绎推理，从理论上建立描述系统中各部分的数学表达式或逻辑表达式。这是一种从一般到特殊的方法，并且将模型看作是在一组前提下经过演绎而得到结果，此时实验数据只被用来证实或否定原始假设或原理。

（2）实验建模法

根据观测到的系统行为结果，导出与观测结果相符合的模型，这是一个从特殊到一般的过程。它是基于系统实验和运行数据建立系统模型的方法，即根据系统的输入、输出数据的分析和处理来建立系统的模型。

（3）综合建模法

通常情况下，对于那些内部结构和特性基本清楚的系统，如航天器轨道、电子电路系统等，可采用机理建模法；对于那些内部结构和特性尚不清楚的系统，一般采用实验建模法；而对于那些内部结构和特性有些了解但又不十分清楚的"灰色"系统，则只能采用综合建模法。

2. 建模原则

在系统分析中建立能较全面、集中、精确地反映系统的状态、本质特征和变化规律的模型是系统建模的关键。在实际问题中，要求直接用数学公式描述的事物是有限的，在许多情况下模型与实际现象完全吻合也是不大可能的。

（1）可分离原则

系统中的实体在不同程度上都是相互关联的，但是在系统分析中，绝大部分的联系是可以忽略的，系统的分离依赖于对系统的充分认识，对系统环境的界定、系统因素的提炼以及约束条件与外部条件的设定。

（2）假设的合理性原则

在实际问题中，建模的过程是对系统进行抽象，并且提出一些合理的假设。假设的合理性直接关系到系统模型的真实性，无论是物理系统、经济系统，还是其他自然科学系统，它们的模型都是在一定的假设下建立的。

（3）因果性原则

按照集合论的观点，因果性原则要求系统的输入量和输出量满足函数映射关系，它是模型的必要条件。

（4）可测量性、可选择性原则

对动态模型还应当保证适应性原则。

3. 建模的逻辑思维方法

从对模型的要求、建模的过程与步骤来看，要建立模型，应具备下述五个方面的能力：

①分析综合能力；

②抽象概括能力；

③想象洞察能力；

④运用建模工具的能力；

⑤通过实践验证模型的能力。

建立模型是一种积极的思维活动，从认识论角度看，它是一种复杂且应变能力强的心理现象，因此既没有统一的模式，也没有固定的方法，但其中既有逻辑思维，又有非逻辑思维。建模过程大体都要经过分析与综合、抽象与概括、比较与类比、系统化与具体化的阶段，其中分析与综合是基础，抽象与概括是关键。

（二）建模步骤的划分

1. 准备阶段

面对复杂的系统，准备阶段是繁重而琐碎的，我们应弄清问题的复杂背景、建模的目标。模型问题化是要明确建模的对象、建模的目的、建模用来解决哪些问题、如何用模型来解决问题等。对于打算分析的问题和模型，我们要熟悉模型的所属领域，要清楚建模的对象是属于自然科学、社会科学，还是工程技术科学等领域。不同领域的模型具有各自领域的特点与规律，应当根据具体的问题来寻求建模的方法与技巧。

2. 系统认识阶段

首先是系统建模的目标。对优化或决策问题，大都需要建立模型的目标，例如，质量最好、产量最高、能耗最少、成本最低、经济效益最好、进度最快等，同时要考虑是建立单目标模型还是建立多目标模型。

其次是系统建模的规范。根据模型问题要求和模型的目标，拟定模型的规范，使模型问题规范化。规范化工作包括对象问题有效范围的限定、解决问题方式和工具要求、最终结果的精度要求及结果形式和使用方面要求。

再次是系统建模的要素。根据模型目标和模型规范确定所应涉及的各种要素。在要素确定过程中须注意选择真正起作用的因素，筛去那些对目标无显著影响的因素。

最后是系统建模的关系及其限制。模型中的关系要求建模者从模型和模型规范出发，对模型要素之间的各种影响、因果联系进行深入分析，并作适当的筛选，找出那些对模型真正起作用的重要关系。

3. 系统建模阶段

模型是对系统的某种抽象描述，所以模型离不开形式。要素原型如何表示为要素变量，要素变量之间的关系如何表示，要素变量与模型目标之间的关系如何表示，约束条件如何表示，以及各个部分的整体性表示，特别是如何进行有关方面的数量表示，这些都是模型形式化问题。

对于复杂的系统，通常用一个略图来定性地描述系统，考虑到系统的原型往往是复杂的、具体的，建模的过程必须对原型进行抽象、简化，把反映问题本质属性的形态、量纲及其关系抽象出来，简化非本质因素，使模型摆脱原型的具体复杂形态，并且假定系统中的成分和因素、界定系统环境以及设定系统适当的外部条件和约束条件。对于有若干子系统的系统，通常确定子系统，明确它们之间联系，并描述各个子系统的输入输出关系。

在建模假设的基础上，进一步分析建模假设的各个条件。首先区分哪些是常量，哪些是变量；哪些是已知的量，哪些是未知的量；然后查明各种量所处的地位、作用和它们之间的关系，选择恰当的数学工具和建模方法，建立刻画实际问题的数学模型。一般地讲，在能够达到预期目的的前提下，所用的数学工具越简单越好，建模时究竟采用什么方法构造模型则要根据实际问题的性质和模型假设所给出的信息而定。就拿系统建模中的机理分析法和系统辨识法来说，它们是建立数学模型的两种基本方法，机理分析法是在对事物内在机理分析的基础上，利用建模假设所得出的建模信息和前提条件来建立模型；系统辨识法是对系统内在机理一无所知情况下，利用建模假设或实际对系统行为测试数据所给出的实物系统输入、输出信息来建立模型。

4. 模型求解阶段

模型表示形式的完成不是建模工作的结束，如何利用模型进行计算求解成为最重要的问题。构造模型之后，模型求解常常会用到传统的和现代的数学方法，对于复杂系统，常常无法用一般的数学方法求解，计算机仿真是模型求解中最有力的工具之一。其方法是根据已知条件和数据，分析模型的特征和模型的结构特点，设计或选择求解模型的方法和算法，然后编写计算机程序或运算与算法相适应的软件包，借助计算机完成对模型的求解。

5. 模型分析与检验

依据建模的目的要求，对模型求解的结果，或进行稳定性分析，或进行系统参数的灵敏度分析，或进行误差分析等。通过分析，如果模型不符合要求，就修正或增减建模假设条件，重新建模，直到符合要求；如果符合要求，还可以对模型进行评价、预测、优化等方面的分析和探讨。

（三）模型的校核、验证与确认

仿真是基于模型的活动，在建模过程中不可避免会忽略一些次要因素和不可观察的因素，且对系统作了一些理论假设和简化处理，因此模型是对所研究系统的近似描述，继而又利用各种仿真算法开发出仿真模型并给出仿真结果。

校核、验证与确认（VV&A）是建模与仿真（M&S）过程的重要组成部分，没有一定置信度的仿真系统其结果是毫无意义的，甚至可能造成错误的决策。VV&A技术是保证M&S置信度的有效途径，它的应用能提高和保证仿真可信度，降低由于仿真系统在实际应用中的模型不准确和仿真可信度水平低所引起的风险，通过评估仿真系统的性能是否满足要求，使用户增加对仿真系统的信任感。通常通过模型逼真度、仿真系统执行效率、可维护性、可移植性、可重用性、人机交互等特性来评价建模与仿真总体效果的有效性。建模与仿真逼真度是指与真实世界相比表示的精度，它是VV&A首要问题。

校核、验证与确认字面上的意义非常接近，但在仿真系统的VV&A中，它们的含义有一定的区别。VV&A的定义：校核是确定仿真系统准确地代表了开发者的概念描述和设计的过程；验证是从仿真系统应用目的出发，确定仿真系统代表真实世界的正确程度的过程；确认是官方正式地接受仿真系统为专门的应用目的服务的过程。

校核关心的是"是否正确地建立模型及仿真系统"的问题。验证关心的是"建立的模型和仿真系统是否正确"的问题。确认是在校核验证的基础上，由仿真系统的主管部门和用户组成的验收小组，对仿真系统的可接受性和有效性做出正式的确认。

校核、验证与确认之间有着十分密切的联系。校核工作为验收系统的各项功能提供了依据，验证工作为系统有效性评估提供了依据，而系统性能的好坏可能是校核与验证都关心的问题。校核、验证与确认贯穿于建模与仿真的全生命周期中，目的是提高和保证模型和仿真的可信度，使仿真系统满足可重用性、互操作性等仿真需求。随着仿真技术在各类系统全生命周期中扮演日益重要的角色，关于建模与模型的校核、验证与确认的研究已成为仿真技术发展的重要课题。

二、连续系统的数学模型

连续系统的数学模型通常可分为连续时间系统模型和离散时间系统模型。连续时间系统模型最常见的表示方式有：高阶微分方程、一阶微分方程组、状态方程、传递函数等。

（一）连续时间系统模型

1.微分方程

根据物理规律，列写出系统的微分方程，这是机理建模的最根本方法。

2.传递函数

系统的微分方程模型是根据物理规律列写的，直接表示在时间域内，因而物理意义比较明显。通过求解微分方程可以求得相应的时域准确解。这些都是微分方程模型的优点。然而，求解微分方程是非常困难的。对于工程应用来说，常常并不需要准确地求解，且微分方程模型也不便于系统的分析和设计。

为此，引入传递函数这个数学工具，它是与高阶微分方程紧密相关的一种模型表示。

3.状态方程

微分方程和传递函数描述方法只确定了系统输入和输出之间的关系，描述了系统的外部特性，故称为系统的外部模型。

为了描述一个连续系统内部的特性及其运动规律，即描述组成系统的实体之间相互作用而引起的实体属性的变化情况，通常采用"状态"的概念。动态系统的状态是指能够完全刻画系统行为的最少的一组变量。研究系统主要就是研究系统状态的改变，即系统的演化变迁，状态变量能够完整地描述系统的当前状态及其对系统未来的影响。

一阶微分方程组形式的数学模型中，每个方程只包含一个变量的一阶导数，方程的个数等于未知量的个数，这些未知量也被称为状态变量，它们是系统中的独立变量。状态变量完全确定了系统的状态，其个数就等于系统的阶次。

状态方程引入了系统的内部变量——状态变量，因而状态方程描述了系统的内部特性，也被称为系统的内部模型。

4.结构图

结构图是描述自动控制系统的一种图形形式，是系统中各元件或环节的功能和信号流向的图解表示，它的主要特点和用途如下。

①结构图的描述非常形象和直观，它将系统中各部分的相互联系一目了然地显示出来。

②利用结构图的等效变换和化简规则，可以比较容易地根据各个环节的模型求出整个系统的传递函数，也可以用来求出从输入到某个其他变量之间的传递函数。

③可以简化从原始微分方程到标准微分方程之间的变换。对于单输入、单输出系统，通过结构图变换可以很容易得到整个系统的传递函数；对于多输入、多输出或具有非线性环节的系统也可以通过面向结构图的仿真方法得到系统的动态特性。

（二）离散时间系统模型

离散时间系统同连续时间系统是相对应的，其输入、输出均为离散时间信号。

（三）连续—离散混合模型

随着计算机科学与技术的发展，人们采用数字计算机进行控制系统的分析与设计，形成数字控制系统。其控制器由数字计算机组成，它的输入变量和控制变量只是在采样点取值的间断的脉冲序列信号，描述它的数学模型是离散的差分方程或状态方程；而被控对象是连续的，其数学模型是连续时间模型，所以整个系统实际是一个连续—离散混合系统。它主要由连续的被控对象、离散的控制器、采样器和保持器等几个环节组成，这是采样系统的典型形式。

数字控制器把系统的模拟信号 e（t）经过采样器及 A/D 转换器变成计算机可以接受的数字信号，经过计算机处理后以数字量输出，再经过 D/A 转换器变成模拟量输入到被控对象。一般地，D/A 转换器要将计算机第 k 次的输出保持一段时间，直到计算机第 k + 1 次计算结果给它以后，其值才改变，因此，通常把 D/A 转换器看成零阶保持器。严格地来讲，A/D 转换器、计算机处理器、D/A 转换器这三者并不是同步并行地进行工作，而是一种串行流水的工作方式，三者完成各自的任务所花费的时间并不严格相等，但如果三个时间的总和与采样周期 T 相比可以忽略不计时，一般就认为数字控制器对控制信号的处理是瞬时完成的，采样开关是同步进行的，如果要考虑完成任务的时间的话，可以在系统中增加一个纯滞后环节。显然 D/A 转换的作用相当于零阶信号重构器。

第二节 连续系统数字仿真模型

一、数值积分法
（一）基本原理

连续系统的数值积分法，就是利用数值积分方法对常微分方程建立离散化形式的数学模型——差分方程，并求其数值解。可以想象在数字计算机上构造若干个数字积分器，利用这些数字积分器进行积分运算。在数字计算机上构造数字积分器的方法就是数值积分法。

（二）单步法和多步法

1.单步法

（1）Euler 法

Euler 法最简单，计算精度比较差，所以实际中很少采用。但它的推导简单，几何意义明显，便于理解，又能说明构造数值解法一般计算公式的基本思想，因此通常用它来说明有关的基本概念。

（2）梯形法

如果改用梯形面积代替每一个小区间的曲线面积，则可提高精度。事实上，根据定积分的几何意义，积分为曲边梯形的面积。

2.Adams 隐式公式（AM 公式）

Adams 显式公式是由外推得到的。由插值理论可知，同样阶次的内插公式要比外推公式精确，用内插法求得的 Adams 公式是隐式的。隐式 Adams 公式通常又称作 Adams-Moul-ton 公式，简称 AM。

（三）数值积分方法的选择

积分方法的选择，直接影响到数值解的精度、速度和可靠性。至今尚无一种具体的、确定的、通用的办法解决积分问题。一般在选择积分方法时应该考虑以下因素：方法本身的复杂程度、计算量和误差的大小、步长及易调整性、系统本身的刚性程度，特别要注意稳定性的要求。

1. 精度要求

影响数值积分精度的因素包括截断误差、舍入误差和初始误差等。一般来说，当步长取定时，算法阶次越高，截断误差越小；同一算法，步长越小，截断误差越小；当算法阶次取定后，多步法精度比单步法高，隐式公式的精度比显式公式高。当要求高精度仿真时，可采用高阶的隐式多步法，并取较小的步长。但步长不能太小，因为步长太小会增加迭代次数，增加计算量，从而加大舍入误差和积累误差。

总之，实际应用时应视仿真精度的具体要求合理地选择方法和阶次，并非阶次越高、步长越小越好。

2. 计算速度要求

计算速度主要取决于每步积分运算所花费的时间以及积分的总次数。每步积分的运算量同具体的积分方法有关，它主要取决于导函数的复杂程度和每步积分应计算导函数的次数。在数值求解中，最费时间的部分往往就是积分导函数的计算。

一般来说，对于系统阶次高、导函数复杂、精度要求高的复杂仿真问题宜采用 Adams 预测—校正法。为了提高仿真速度，在积分方法选定前提下，应在保证精度的前提下尽可能加大仿真步长，以缩短仿真总时间。对于那些对速度要求特别苛刻的仿真问题，如实时仿真，则宜采用实时仿真算法。

3. 稳定性要求

数值解的稳定性是进行数字仿真的先决条件，否则仿真结果将失去意义，导致仿真失败。一般来说，同阶的RK公式的稳定性比显式Adams公式好，但不如同阶次的隐式Adams公式好。因此从数值解稳定性角度考虑，应尽量避免使用显式Adams公式。对于刚性问题，选择数值积分方法时，应特别注意稳定性的要求，并采取相应的处理策略。

总之，数字仿真实质上就是寻找合适的等价离散模型。所谓仿真算法，只不过是系统和模型在离散化过程中发展的各种不同的近似计算公式。各种近似算法各有所长，很难从中提出一些规则。

积分方法的选择具有较大的灵活性，要结合实际问题而定。一般而言，当导函数不是十分复杂而且要求精度不是很高时，RK法是合适的选择；如果导函数复杂、计算量大，则最好采用Adams预测—校正法；对于一些刚性仿真问题来说，吉尔法是一种通用的算法，它既适合正常系统，又适合严重的病态系统；对于那些实时仿真问题，则必须采用实时仿真算法。

（四）积分步长的确定

数字仿真中步长的选取是一个十分关键的问题。步长太大则会导致较大的截断误差，甚至会出现数值解的不稳定；步长太小，又势必增加计算次数，无形中造成舍入误差的积累，使总误差加大。因此，步长既不能太大也不能很小。一般来说，数字仿真的总误差不是步长的单调函数，而是一个具有极值的函数。

为了保证计算稳定性，步长必须限制在系统最小时间常数的数量级，但是为了保证足够的仿真精度，把积分总误差控制在一个较小的范围内，实际选用的积分步长要比系统最小时间常数小得多。

二、替换法

用数值积分方法在数字计算机上对一个连续系统进行仿真时，实际上已经进行了离散化处理，只不过在离散化过程中每一步都用到连续系统的模型，离散一步计算一步。那么，能否先对连续的模型进行离散化处理，得到一个"等效"的离散化模型，以后的每一步计算都直接在这个离散化模型基础上进行，而原来的连续数学模型不再参与计算呢？回答是肯定的。这些结构上比较简单的离散化模型，便于在计算机上求解，不仅适用于连续系统数字仿真，而且也可用于数字控制器在计算机上实现。

替换法的基本思想是：对于给定的函数 $G(s)$，设法找到 s 域到 z 域的某种映射关系，它将 s 域的变量 s 映射到 z 平面上，由此得到与连续系统传递函数 $G(s)$ 相对应的离散传递函数 $G(z)$。进而再根据 $G(z)$ 由 z 反变换求得系统的时域离散模型——差分方程，据此便可以进行快速求解。

三、离散相似法

（一）离散相似概念

离散相似法是将连续系统模型处理成与之等效的离散模型的一种方法，具体地说，就是设计一个离散系统模型，使其中的信息流与给定的连续系统中信息流相似。或者说，它是依据给定的连续系统的数学模型，通过具体的离散化方法，构造一个离散化模型，使之与连续系统等效。

由于连续系统可由传递函数及状态方程两种形式描述，相应地，离散相似法也有两种形式：一种是传递函数的离散相似处理，得到离散传递函数；另一种是连续状态方程的离散相似处理，得到离散化状态方程。

（二）时域离散相似法

如果系统的数学模型以状态方程描述，则同样可以按上一节离散相似法原理，对它进行离散化处理，求得离散化状态方程组。

第三节　离散事件系统仿真模型

一、离散事件系统与模型的概念

（一）离散事件系统

离散事件系统是指系统的状态仅由于事件的瞬时发生而在离散的时间点上发生变化的系统，而且这些时间点一般是不确定的。这类系统中引起状态变化的原因是事件，通常状态变化与事件的发生是一一对应的。事件的发生没有持续性，可以看作在一个时间点上瞬间完成。由于事件发生的时间点是离散的，因而这类系统称为离散事件系统。

离散事件系统大量地存在于社会生活中，如超市、银行服务系统，公交管理系统，车间加工调度系统，入口控制、市场贸易、库存管理、设备维修以及计算机中央处理器等非工程领域的系统。利用仿真技术对这些系统进行研究分析，可以了解它们的动态运行规律，从而帮助人们做出是否需要增加新的市场和银行的决定，可以协助人们合理地调度车辆和安排工序。

应当注意，一个实际系统是离散的还是连续的，实质上指的是描述该系统的模型是离散的还是连续的。根据研究目的不同，同一个系统可以在一种场合下用离散模型描述，而在另一种场合用连续模型描述。例如一个电机控制系统，如果关注的是电机的开关动作和转速、力矩的临界状态，则认为系统是离散的；而如果深入分析电机的转速、力矩与控制电压的关系，则认为系统是连续的；如果综合考察该系统的连续和离散状态变化过程，则认为系统是混合的。又如，在通信系统中，如关注的是每一信号的特征和传送，则通信通道可构造为离散的模型，认为系统是离散的；如需要进一步关注整个通道上的信号流，则需要用连续的模型来仿真，这时将视系统为连续的。

（二）离散事件系统仿真的基本思想

对离散事件的研究，最早可以追溯到对排队现象和排队网络的分析。排队论最早由 A.K.Erlang 于 1918 年提出，在管理通信和各类服务系统中有着广泛的应用。随着计算机技术、信息处理技术、控制技术、人工智能等新技术在军事指挥、训练、现代通信、制造等领域的发展和应用，出现了一大批存在着离散事件过程的人造系统，如武器群指挥控制决策系统、计算机 / 通信网络系统、柔性制造系统等。对这些错综复杂且相互作用的离散事件构成的离散事件系统或连续—离散混合系统的研究，逐渐成为仿真技术应用的重要领域。

在连续系统数字仿真中，时间通常被分割成均等的或非均等的时间间隔，并以一个基本的时间步长进行推进；离散事件系统仿真则通常是面向事件的，时间往往不是按固定的增量向前推进，而是由于事件的发生而随机推进的。在连续系统仿真中，系统的动力学模型是由表征系统变量之间关系的方程来描述的，仿真的结果表现为系统状态变量随时间变化的过程；而在离散事件系统仿真中，系统状态变化是由于相互作用的一些事件引起的，系统模型则是反映这些事件的数集及逻辑因果关系，仿真则是产生、处理这些事件并更新状态、进行统计的过程。

虽然离散事件系统的类型众多，但可以抽象出一些公共的概念来描述其结构模型。目前，成熟且通用的基本概念包括实体、属性、事件、活动、进程等。

（三）描述离散事件系统的基本要素

为了正确地对系统建模，有必要弄清楚离散事件系统的一些基本要素：实体、活动、事件等。这里通过一个典型的离散事件系统来简要地分析描述离散事件系统模型的一些基本概念。

1. 实体

与连续系统一样，离散事件系统也是由实体组成的。构成系统的各种成分称为实体，用系统论的术语，它是系统边界内的对象。实体是描述系统的三个基本要素之一。在离散事件仿真领域，实体分为临时实体和永久实体两类。只在系统中存在一段时间的实体叫临时实体，这类实体在仿真过程中的某一时刻出现，在仿真结束前从系统中消失，实体的生命不会贯彻整个仿真过程。永久驻留在系统中的实体称为永久实体，只要系统处于活动状态，这些实体就存在。临时实体常具有主动性，又称为主动成分；而永久实体往往是被动的，又称为被动成分。

2. 属性

实体的状态由它属性的集合来描述，属性用来反映实体的某些性质。例如理发店系统中，顾客是一个实体，性别、年龄、到达时间、服务时间、离开时间等是它的属性。对一个实体，其属性很多，在仿真建模中，只需要使用与研究目的相关的一部分就可以了。

3. 状态

由于组成系统的实体之间相互作用而引起实体属性的变化，使得在不同的时刻，系统中的实体和实体属性都可能会有所不同，这种不同用状态来区分。在任意给定时刻，系统中实体、属性以及活动的信息总和称为系统在该时刻的状态，用于表示系统状态的变量称为状态变量。

4. 事件

引起系统状态变化的行为或动作称为事件。它是在某一时间点的瞬时行为，从某种意义上来说，系统是由事件来驱动的。事件不仅用来协调两个实体之间的同步活动，还用于各个实体之间传递信息。

在一个系统中往往有许多类事件，而事件的发生一般与某一类实体相联系，某一类事件发生还可能引起其他事件的发生，或者促成另一事件的条件等。

5. 活动

实体在两个事件之间保持某一状态的持续过程称为活动。活动的开始与结束都是由事件引起的。

6. 进程

进程由与某个实体相关的事件及若干活动组成。一个进程描述了它所包括的事件及活动间的相互逻辑关系和时序关系。

（四）离散事件系统仿真模型基本概念

离散事件系统的结构模型着重于描述构成系统的实体及实体间的交互。而建立系统的仿真模型需要将结构模型映射到计算机上，并需要考虑仿真的需要，如程序事件，数据统计等，这通常与计算机的特征相关。由于传统的计算机均是串行计算的，而系统结构模型中各实体的活动是并行的，因此基于串行计算机建立离散事件系统仿真模型的主要任务是将并行的结构模型串行化。这个过程主要用到事件表、仿真时钟和统计计数器三个基本概念。

1. 事件表

事件表是为仿真服务的，它记录了系统中每一个将要发生的事件类型、发生时间以及与该事件相关的参数。在一个系统中，往往有许多类事件，而事件的发生一般与某类实体相联系。某一事件的发生还可能引起另一事件的发生，或者成为另一事件发生的条件等。为了实现对系统中事件的管理以及按时间顺序处理文件，必须在仿真模型中建立事件表。

在离散事件系统仿真中，有时也把引起仿真流程改变、或引起仿真调度发生改变的动作或条件也抽象为事件，称为"程序事件"，如"仿真结束"事件。这样，在仿真模型中，由于是依靠事件来驱动系统进行时钟推进的，所以除了系统中的固有事件外，还有"程序事件"，它用于控制仿真进程。

2. 仿真时钟

仿真时钟用于表示仿真时间的变化，作为仿真过程的时序控制。它是系统运行时间在仿真过程中的表示，而不是计算机执行仿真程序的时间长度。在连续系统仿真中，将连续模型离散化为仿真模型时，仿真时间的变化由仿真步长确定，可以是定步长，也可以是变步长。在离散事件动态系统中，引起状态变化的事件其发生时间是随机的，因而仿真时钟的推进步长完全是随机的，而且在两个相邻发生的事件之间系统状态不会发生任何变化，因而，仿真时钟可以跨过这些"不活动"周期，从一个事件发生时刻直接推进到下一个事件发生时刻，仿真时钟的推进呈现跳跃性，推进的速度具有随机性。可见，仿真模型中时间控制是必不可少的，以便按一定的规律来控制仿真时钟的推进。

离散事件系统的状态本来只在离散时间点上发生变化，因而不需要进行离散化处理，并按以下两种基本推进方式推进：以事件单位推进和以时间单位推进。

3. 统计计数器

连续系统仿真的目的是要得到状态变量的动态变化过程，并由此分析系统的性能。离散事件系统的状态随着事件的不断产生也呈现出动态变化过程，但仿真的主要目的不是要获得状态的变化情况。因为离散事件系统通常含有随机的因素，因而状态的变化具有随机性。一次仿真运行获得的状态变化过程只是随机过程的一次采样，系统的性能计算只有在统计意义下才有参考价值。

二、离散事件系统仿真

（一）离散事件系统仿真模型

离散事件系统仿真建模的目的，是要建立与系统模型有同构或同态关系的、能在计算机上运行的模型，模型中有随机变量概率分布的函数。连续系统仿真建模需要通过各种算法将系统模型进行离散化，与连续系统不同，从描述形式来看，离散事件系统模型为直接用于仿真创造了条件。不过，为了正确地进行离散事件系统的仿真建模，还需弄清楚离散事件仿真程序的主要组成部分、流程管理及相关的概念。

1. 系统状态变量

系统状态变量用于记录系统在不同时刻的状态。

2. 时钟变量

时钟变量用于记录当前时刻的仿真时间值，提供仿真时间的当前值。

3. 事件表

事件表按时间顺序记录仿真过程中将要发生的事件，即当前时刻以后的事件。事件表通常是一张二维表，表中列出了将要发生的各类事件名称以及下次发生该事件的时间。

4. 统计计数器

统计计数器用于记录与控制有关仿真过程中系统性能的信息。

5. 初始化子程序

在仿真运行开始前对系统进行初始化的子程序，比如对仿真时钟、状态变量、统计计数器等赋初值。

6. 时钟推进子程序

由事件表确定下一事件，然后将仿真时钟推进到该事件发生时间的子程序。

7. 调度子程序

调度子程序将仿真过程中产生的未来事件插入事件表中。

8. 事件子程序

每一类事件对应有一个事件子程序，相应的事件发生时，就转入该事件子程序进行处理，更新系统的状态，产生新的事件。

9. 统计报告子程序

根据统计计数器的值计算并输出系统性能的估计值，并将它们按一定格式打印成输出报告。

10. 随机数发生器

产生给定分布的随机数的一组子程序。

11. 主程序

主程序调用时钟推进子程序，然后将控制转移到相应的事件子程序，完成仿真程序的总体控制。

使用通用高级语言进行离散事件系统仿真程序设计时，以上各部分需要用户自行编程，工作量大。而仿真语言或仿真软件包中提供了包含上述大部分功能的程序，通过组合可以迅速开发出所需的仿真程序。

（二）离散事件系统仿真策略

离散事件系统的模型只在一些离散时间点上由事件改变其状态，因此离散事件模型是由事件驱动的。驱动某一模型的所有事件按其发生的时间构成了一个序列，离散事件系统仿真的关键是如何按时间顺序确定这一序列，并按时间先后顺序处理事件。除了初始事件，事件序列中的事件不能在仿真前事先确定，而是在仿真进行中产生的。在离散事件仿真中一般采用事先策划事件的方式，即在仿真系统处理任何事件之前该事件必须已被策划。策划的主要工作是确定事件的类型与发生时间。策划好的事件存放在事件表中，当仿真时钟到达事件的产生时间时，由仿真系统处理该事件。一个事件的策划一般是在处理前面的某一事件时进行的，这一处理时刻也称为事件的策划时间。受因果关系的约束，事件的策划时间不得迟于其发生时间，即只能策划将来的事件，不能策划过去的事件。这样在离散事件仿真中，处理事件发生时，一要按事件对系统的影响改变模型的状态，二要策划后续的事件。后续事件的策划通常与模型新的状态有关，策划好的后续事件插入事件表中。

离散事件模型中的各类事件可在不同层次上来组织。系统的离散事件仿真模型是由实体及其间的关系组成。引起实体状态变化的动作、条件即为事件，同一实体在两个相继事件间所处的状态过程称为实体的活动，同一实体若干活动的延续构成一个进程。因此活动、进程都是以事件为基础构成，其粒度大于事件。从事件、活动、进程三个层次来组织事件即构成了处理离散事件模型的三种典型处理方法：事件调度法、活动扫描法和进程交互法。

1. 事件调度法

事件调度法以事件为分析系统的基本单位，通过定义事件以及每个事件发生后对系统状态的影响，按时间顺序执行每个事件并策划新的事件来驱动模型的运行。事件调度法的模型主要由若干处理事件的子模块构成。所有事件均放在事件表中，模型中设有一个时间控制程序。

在该方法中，将仿真过程视为一系列事件按时间先后顺序发生的过程。仿真的过程是：从事件表中选择发生时间最早的事件，将仿真时钟推进到该事件发生的时间，并调用该事件的子模块处理事件，修改模型状态和策划新的事件，然后返回时间控制程序，重复这一过程。随着仿真时钟的推进，从一个事件转换到另一个事件，直到所有事件完成或达到仿真结束的时间，仿真也就结束了。每一个事件执行时，都会引起系统状态的变化，或触发另外的事件，因而需要将每个事件都按其发生时间或其优先级存储在事件表中，并能完整描述一个独立事件发生时所出现的各个步骤。

2. 活动扫描法

活动扫描法以活动为分析系统的基本单位，认为模型在运行的每一时刻都由若干活动构成。每一活动对应一个活动子例程，处理与活动相关的事件。活动与实体有关，在离散事件模型中，可以区分两类实体：一类可以主动产生活动，习惯称为主动成分，如排队服务系统中的顾客，他的到达产生排队活动或服务活动；另一类本身不能产生活动，只有在主动成分的作用下才产生状态变化，习惯称为被动成分，如排队服务系统中的服务员。活动的激发与终止都是由事件引起的，每一个进入系统的主动成分都处于某种活动的状态。活动扫描法在每个事件发生时，扫描系统，检查哪些活动可以激发，哪些活动继续保持，哪些活动可以终止。活动的激发与终止都可能策划新的事件。

活动的发生必须满足一定的条件，其中活动发生的时间是优先级最高的条件，即首先应判断该活动的发生时间是否满足，然后再判断其他条件。

3. 进程交互法

进程交互法采用进程描述系统，它将模型中的主动成分历经系统时所发生的事件及活动按时间顺序进行组合，从而形成进程表。一个成分一旦进入进程，它将完成该进程的全部活动。该方法强调实体在一个进程中的流动和处理，大多用网络图来表示该进程。一个进程可视为一个网络，每个网络包含一些节点，这些节点表示对实体的处理活动。实体进入网络，在流动过程中要经过一些步骤，如被创建、排队等待、接受处理等，直至退出系统。

（三）仿真时钟推进机制

对任何动态系统进行仿真时，都需要知道仿真过程中仿真时间的当前值，因此，必须要有一种随着仿真的进程将仿真时间从一个时刻推进到另一个时刻的机制，即时间推进机制。时间推进机制的种类以及仿真时间单位所代表的实际时间量的长短，不仅直接影响到计算机仿真的效率，甚至影响到仿真结果的有效性。

离散事件仿真有两种基本的时间推进机制：固定步长时间推进制和下次事件时间推进机制，分别简称为固定步长法和事件调度法。

1. 固定步长时间推进机制

所谓固定步长时间推进机制，就是在仿真过程中仿真时钟每次递增一个固定的步长。这个步长在仿真开始之前，根据模型特点确定，在整个仿真过程中保持不变。每次推进都需要扫描所有的活动，以检查在此时间区间内是否有事件发生，若有事件发生则记录此事件区间，从而可以得到有关事件的时间参数。

固定步长时间推进机制应注意以下几点。

①步长确定后，不论在某段时间内是否发生事件，仿真时钟都只能一个步长一个步长地推进，并同时计算检查在刚推进的步长里有没有发生事件。因而很多计算和判断是多余的，占用了计算机运行时间，影响效率。步长取得越小，这种情况就越严重；反之，取得越大，则仿真效率越高。

②固定步长时间推进机制把发生在同一步长内的事件都看作是发生在该步长的末尾，并且把这些事件看作是同时事件，这势必产生误差，影响仿真精度。步长取得越大，则产生的误差越大、精度越低，一旦误差超出某个范围，仿真结果将失去意义。

上述两点说明，为了提高仿真精度，希望将步长取得越小越好，而要提高仿真效率又要求步长取得越大越好，效率和精度是一对难以调和的矛盾。实际应用表明：只有对事件发生的平均时间间隔短、事件发生的概率在时间轴上呈均匀分布的系统进行仿真时，采用固定步长时间推进机制才能在保证一定精度的同时，获得较高的效率。因而，采用固定步长时间推进机制时，仿真效率可以通过改变步长来调节。与此同时，也反方向调节了仿真的精度。

2. 下次事件时间推进机制

下次事件时间推进机制的仿真时钟不是连续推进的，而是按照下一事件预计将要发生的时刻，以不等距的时间间隔向前推进，即仿真时钟每次都跳跃性地推进到下一事件发生的时刻上去。因此，仿真时钟的增量可长可短，完全取决于被仿真的系统。为此，必须将各事件按发生时间的先后次序进行排列，仿真时钟则按事件顺序发生的时刻推进。每当某一事件发生时，需要立即计算出下一事件发生的时刻，以便推进仿真时钟。这个过程不断重复直到仿真运行满足规定的终止条件为止，如某一特定事件发生或达到规定的仿真时间等。通过这种时钟推进方式，对有关事件的发生时间进行计算和统计。

下次事件时间推进机制能在事件发生的时刻捕捉到发生的事件，也不会导致虚假的同时事件，因而能达到最高的精度。同时，下次事件时间推进机制还能跳过大段没有事件发生的时间，这样也就消除了不必要的计算和判断，有利于提高仿真的效率。但是也要看到，采用下次事件时间推进机制时，仿真的效率完全取决于发生的事件数，也即完全取决于被仿真的系统，用户无法控制调整。事件数越多，事件发生得越频繁、越密集，仿真效率就越低。当在一定的仿真时间内发生大量的事件时，采用下次事件时间推进机制的仿真效率甚至比固定步长时间推进机制的仿真效率还要低。只有对在很长的时间里发生少量事件的系统进行仿真时，采用下次事件时间推进机制才能获得高效率。

固定步长时间推进机制和下次事件时间推进机制各有其优缺点。固定步长时间推进机制能通过调整步长来调整仿真的效率和精确度，但存在着影响效率的多余计算和影响仿真精确度的因素，在离散—连续混合系统仿真中，一般都采用固定步长的时间推进机制。下次事件时间推进机制不存在多余的计算，具有最高的仿真精确度，但却没有调整仿真效率和仿真精确度的手段。两种时间推进机制适宜的仿真对象也不同，固定步长时间推进机制适宜于对事件的发生在时间轴上呈均匀分布的系统在短时间里的行为进行仿真；而下次事件时间推进机制则适宜于对事件发生数量小的系统进行仿真。

为了兼具上述两种时间推进机制的优点，有些专家学者又提出了一种新的时间推进机制：混合时间推进机制。混合时间推进机制是固定步长时间推进机制和下次事件时间推进机制的糅合。在混合时间推进机制中，仿真时钟每次推进一个固定时间步长的整数倍。步长 Δt false 可以在仿真前确定，并能逐步调整以获得必要的仿真精度和仿真效率。而仿真时钟每次究竟增加几个步长则取决于系统中下次事件的发生时间，也即取决于仿真系统或者所建立的仿真模型。这样，混合时间推进机制也能像下次事件时间推进机制那样，跳过大段没有事件发生的时间，避免多余的计算和判断。

三、排队系统的仿真

排队是经常遇到的现象。例如，病人到医院看病，顾客到理发店理发，顾客到银行取款，乘客到售票处买票等，都会有排队等待的现象。一般来说，当某个时候要求服务的数量超过服务机构的容量，就会出现排队现象。在排队现象中，服务对象可以是人，也可以是物，还可以是某种信息。在交通、通信、自动生产线、计算机网络等系统中都存在排队现象。在各种排队系统中，由于对象到达的时刻与接受服务的时间都是不确定的，随着不同的时间及条件而变化，所以排队系统在某个时刻的状态也是随机的，排队现象几乎是不可避免的。排队越长，就意味着浪费的时间越多，系统的效率也就越低，但盲目地增加服务设备，就要增加投资或发生空闲浪费，未必能提高利用效率。因此，管理人员必须考虑如何在这两者之间取得平衡，以期提高服务质量，降低成本。

排队问题实质上是一个平衡等待时间和服务台空闲时间的问题，也就是如何确定一个排队系统，使实体和服务台两者都有利。排队论就是解决这类问题的科学，它又称随机服务理论。因为实体到达和接受服务的时间常常是某种概率分布的随机变量。

（一）排队论的基本概念

1. 排队系统的组成

一般的排队系统由三个基本部分组成。

①到达模式：指动态实体按什么样的规则到达，描写实体到达的统计特性；

②服务机构：指同一时间有多少服务台可以接纳动态实体，它们的服务需要多少时间，服从什么样的分布；

③服务规则：指对下一个实体服务的选择原则。

如何通过已知的到达模式和服务时间的概率分布，来研究排队系统的队列长度和服务机构"忙"或"闲"的程度，就是排队系统仿真所要解决的问题。

2. 排队规则

排队规则是指顾客按一定的次序接受服务。服务次序可采用下列规则。

（1）先到先服务（FIFO）

即按到达次序接受服务，这是最常见的情形。

（2）后到先服务（LIFO）

如乘电梯的顾客通常是后进先出的。仓库中堆放的大件物品也是如此。在情报系统中，最后到达的信息往往是最有价值的，因而常采用后到先服务的规则。

（3）随机服务（RO）

当服务台空时，从等待的顾客中随机地选取一名进行服务，而不管到达的先后次序。

（4）优先权服务（PO）

如医院中的急诊病人优先得到治疗。

（二）到达时间间隔和服务时间的分布

解决排队问题首先要根据先验知识做出顾客到达时间间隔和服务时间的经验分布，然后再利用统计学的方法确定其相应的理论分布，并估计其参数值。

1. 一般相互独立的随机分布

所有活动实体的服务时间是相互独立分布的。

2. 一般随机分布

如果到达时间和服务时间不能用上述几种典型的分布简单地表示出来，那么可以先从先验数据中获得统计数据，再加上适当的预测推算，求出其概率分布。

3. 正态分布

在服务时间近似于常数的情况下，多种随机因素的影响使得服务时间围绕此常数值波动，此时可以用正态分布来描述。

（三）单服务台排队系统仿真

对于排队系统，顾客往往注重排队顾客是否太多、等待的时间是否太长，而服务员则关心他的空闲时间。队长、等待时间以及服务利用率等指标可以衡量系统性能，下面介绍在已知顾客到达时间间隔和服务时间的统计规律的情况下，如何仿真排队系统。

假设：

①顾客源是无穷的；

②排队长度没有限制；

③到达系统的顾客按先后顺序依次进入服务。

第四节 云计算环境下仿真模型资源虚拟化

一、云计算环境下的仿真

借助云计算的理念和相关技术，可以在云计算环境下构造一个以仿真模型为核心的仿真系统，将模型作为一种可自由使用的资源接入云计算环境中，以仿真模型即服务的服务模式为用户提供模型租赁服务，让用户可以自由地选择仿真模型并对仿真流程进行定制；同时还可以将仿真需求和与其对应的模型参数配置、模型间输入输出关系作为一种知识资源进行积累，将成熟的仿真流程以服务的模式提供给有仿真需求但是不熟悉该领域知识的用户使用。

二、仿真模型资源的虚拟化

仿真模型资源的虚拟化是构造整个仿真系统最基础、最核心的部分，虚拟化技术为仿真模型的统一封装、仿真模型的集成和交互提供必要的手段。仿真模型的虚拟化可以从其定义、接入方式和调用方式三个方面来进行。

（一）模型资源的定义

对仿真模型进行虚拟化需要先对其进行统一的定义，以消除对模型描述上的歧义。首先定义仿真模型是指根据某些公式、算法、规则等编写的计算机程序或者源代码，它具备一定的功能性，能完成某种运算、推导等工作。

在对仿真模型进行了统一的定义之后，需要根据各个模型提供方的特点确定模型接入云计算环境的方式。

（二）模型资源的接入方式

对模型的统一定义为模型的接入提供了必备的信息，而仿真模型的接入方式直接影响到对其进行调用的形式，定义三类基本的接入方式，从这三类的组合可以得到更多的混合方式。

第1类方式：模型提供方仅仅是将其模型信息"注册"到云计算环境中，而模型始终存在于模型提供方的环境中，这种接入方式也可以看作是模型资源的提供者将模型所在的主机及其软件环境作为一个模型整体接入到云计算环境中。当模型需求方需要调用该模型的时候，就将上游模型的输出通过网络传到此模型所在的主机，此模型根据输入数据进行运算并将计算结果通过网络传到下游模型。这种调用方式的优点是模型一直保存在提供方的环境中，不用在云计算环境下专门为其配置运行环境；其缺陷是要求模型的提供方一直处于在线状态才能保持其模型可用，对保存模型的主机也有一定的性能要求，只有在带宽较大、数据传输量比较小、模型对时间同步要求不高的情况下才适用，调用的同时还会带来时间同步困难、易发故障且故障难以及时修复等隐患。

第2类方式：模型提供方除了将其模型信息"注册"到云计算环境中之外，还授权云计算环境"复制"和"运行"此模型。当模型需求方需要调用该模型的时候，由云计算环境根据模型的"注册"信息自动为此模型部署一个运行环境，并将此模型通过网络"拷贝"到此环境中运行，当运行结束后马上销毁。这种调用方式的优点是几乎对保存模型的主机没有性能要求，模型可以在云计算环境中的高性能主机上执行，隐患较第1类较少；其缺陷是也要求模型的提供方一直处于在线状态才能保持其模型可用，且模型会脱离提供方的环境，需额外地提供安全手段实现对模型的保护，另外需要在云计算环境中为模型自动部署一个运行环境。

第3类方式：模型提供方将其模型委托给云计算环境进行管理，即模型资源的提供方除了将其模型信息"注册"到云计算环境中之外，还需要将模型通过网络上传至云计算仿真环境中的"模型库"中，当用户需要调用该模型的时候，由云计算环境自动从"模型库"中调用此模型并为其部署一个运行环境，随后驱动模型在此环境中运行，当运行结束后马上销毁。这种调用方式的优点是模型接入后对提供方完全没有任何要求，不需要提供方在线，模型可以被统一管理和调度，隐患较前两类都少；其缺陷是模型始终存在于云计算环境中，需要制定周全的安全保护策略来保证模型的安全，另外也需要在云计算环境中为模型自动部署一个运行环境。

模型资源接入方式的不同将直接影响其调用方式。

（三）模型资源的调用方式

云计算环境中大量的仿真模型之间存在着复杂的数据交互，对模型的调用需要尽量减少人为的参与和保证其稳定的运行，Agent 是一种有效的实现手段。这里主要涉及三种 Agent：全局 Agent，流程 Agent 和运行 Agent，当用户根据自己的需求确定仿真任务之后，全局 Agent 会根据此任务生成一个流程 Agent 并将仿真任务的描述文件传递给流程 Agent，每个流程 Agent负责一个仿真任务并根据仿真任务的描述文件去调用各个模型，每个运行Agent 负责一个仿真模型，驱动模型运行并与相关联的其他运行 Agent 进行数据和消息的交互。根据模型接入方式的不同，流程 Agent 在调用各个模型的时候可能还需要一种托管 Agent 来协助完成部分准备工作。各个 Agent 的主要功能在下文中有相应的描述。

对于第 1 类接入方式，在对模型进行虚拟化的时候需要在模型提供方的主机上部署一个运行 Agent，其主要工作是监听并响应流程 Agent 的请求，并在流程 Agent 的协调下与其他相关联的运行 Agent 建立连接，并根据模型的输入数据集和输出数据集信息，在本机开辟与模型共享的数据输入输出缓存，在收到上游运行 Agent 通过网络发送的数据之后将其放在数据输入缓存中，模型通过进程之间的通信读取这部分数值作为输入进行运算，随后将其运算结果传到数据输出缓存中，运行 Agent 将其通过网络发送给下游相关运行 Agent。

对于第 2 类接入方式，在对模型进行虚拟化的时候需要在模型所在主机上部署一个托管 Agent，其主要工作是监听并响应流程 Agent 的请求。当需要调用此模型时，流程 Agent 会根据此模型的依赖系统和组件信息为其在云计算环境下构造运行环境，并对主机上的托管 Agent 发出调用请求，托管 Agent 在收到并验证流程 Agent 的请求后，会将此模型以流的方式发送给流程 Agent 并由其将模型部署在已构造的运行环境中，随后流程 Agent 会在构造的运行环境中部署一个运行 Agent，由其驱动模型的"副本"和其他运行 Agent 进行交互，此运行 Agent 和上文所述的运行 Agent 的功能完全一致。在完成仿真之后，流程 Agent 负责销毁模型的副本。

对于第 3 类接入方式，无须在模型提供方的主机上部署 Agent，全部的工作都在云计算环境中完成。当需要调用此模型时，流程 Agent 会根据模型的依赖系统和组件信息为其在云计算环境下构造运行环境，并从模型库中调用模型部署在已构造的运行环境中，随后流程 Agent 会在构造的运行环境中部署一个运行 Agent，由其驱动模型的"副本"和其他运行 Agent 进行交互。在完成仿真之后，流程 Agent 销毁模型的副本。

三、仿真流程的定制和运行

基于仿真模型资源组合而成的仿真流程可以用五元组来表示，$Ai=<Bi$, Fi, Gi, Hi, $Ni>$ 其中：Bi 是仿真流程属性的集合，存放了诸如流程名、仿真目的、步长、起始时间、终止时间等基本信息；$Fi=<Mi1$, $Mi2$, …, $Mim>$ 是仿真流程所调用的仿真模型的集合；Gi 是模型之间交互关系的集合，此集合是所有模型的输出到所有模型输入的映射，其中每个元素是一个从某模型输出到另外一个模型输入的映射。另外，此映射关系还保存了此关系存在逻辑，即何种条件下才建立此映射关系；Hi 是标记为流程起始点的模型集合；Ni 是标记为流程结束点的模型集合。

用户在定制自己仿真流程的时候，无须关注模型的调用和流程的具体执行过程，只需要先根据云计算环境中各个模型的静态特征和动态特征来确定选取哪个模型，并根据其参数 ρ，来为各个参数赋值，然后确定各个模型之间的数据交互关系 Gi，接下来云计算环境就会为此流程分配一个流程 Agent，然后在此 Agent 的控制下调用各个模型完成仿真流程的初始化工作。

仿真流程建立之后并不能主动地运行，需要一种机制来驱动整个仿真流程运作。最典型的有两类驱动模式：一类是时间驱动，一类是消息驱动。时间驱动一般用在多个模型同步运行的情况下，而消息驱动一般用在多个模型异步运行的情况下。对于时间驱动的仿真流程而言，由流程 Agent 负责生成全局时间信息，并将时间信息传递给各个运行 Agent 驱动模型运行，并由流程 Agent 采取合适的机制保证全局的时间同步，云计算环境下各个模型的接入方式各异，具体的时间同步机制比较复杂。对于事件驱动的仿真流程而言，既可以将判断逻辑分散放在各个运行 Agent 中，由运行 Agent 根据自身的判断逻辑发出消息，并由流程 Agent 进行统一调度，又可以将判断逻辑全部集中在流程 Agent 中由其进行统一调度。

第七章 计算机视觉关键算法的并行化研究

第一节 计算机视觉算法概述

一、背景和意义

近年来，我国集成电路产业有了显著的发展，但大量核心集成电路产品还得依赖进口，时常受制于人。随着 4G/5G 通信时代的到来，国内大量智能手机所采用的芯片基本是靠国外进口，高昂的芯片专利费用使国内众多企业不堪重负，这种"缺芯少片"的状况难以对构建国家产业核心竞争力、保障信息安全等形成有力支撑。手机芯片中核心处理器（Central Processing Unit，CPU）和图形处理器（Graphics Processing Unit，GPU）的重要性是不言而喻的，国内已经出现了采用自主 CPU 的手机产品，如小米公司出品的红米手机搭载由大唐电信旗下联芯科技研发的 CPU 和华为公司出品的部分型号手机也搭载了自主设计的麒麟系列 CPU；除了 CPU，无论是在个人PC 或移动智能手持设备上 GPU 都占有重要的一席地位，但其核心技术与市场却一直被国外公司所占有，到目前为止，国内几乎没有相关成熟的可用产品，研发自主产权的 GPU 对我国集成电路产业的发展和信息安全具有十分重要的意义。

2015 年 12 月，由西安邮电大学研发的 GPU 芯片通过中国陕西省科技成果鉴定，填补了国内自主图形图像处理器芯片方面的空白，总体技术属国内领先水平。与此同时，西安邮电大学自主研发的多核阵列平台——同时多线程阵列机 SMT-PAAG，一种高效低功耗的并行阵列结构，支持多种并行计算模型，在计算机视觉算法并行化上具有独特的优势。

计算机视觉赋予计算机设备视觉功能，广泛应用于医学成像、生产自动化、三维物体的重构、计算摄影学、自动导航、人脸识别、手势识别、身体和动作的跟踪、智能视频监控、增强现实技术、制造业上的自动检测等。计算机视觉应用有海量的图像、视频等数据需要处理，如何提高计算机视觉应用程序的执行效率、满足实时性要求成为当前一个难题。由于单核处理器的主频已经难以大幅度提高，而单片上集成上千个处理器也已成为可能，如何使用多核的处理器来提高计算机视觉算法的运行效率成了当前一个重要的研究方向。本章以 SMT-PAAG 为平台，研究计算机视觉算法的并行化，进一步验证 SMT-PAAG 超强的计算能力。

二、计算机视觉的发展

计算机视觉的概念最早源于 20 世纪 50 年代，直到 20 世纪 80 年代初才有了较为完善的视觉系统框架。

Mar 理论将计算机视觉分为三个阶段，注重知识的获取而轻视知识的应用。Mar 指出只有把人们所看到的场景进行数学几何建模再分析组合，才能获取相关的视觉理论知识，受此观点影响，此后计算机视觉的发展一直都把从图像中重构的三维真实空间信息作为首要研究目标，而其相关应用方面的进展缓慢。直到后来人们开始意识到，Mar 理论达不到人们提出的要求，很多学者开始从目标和方法上进行反思，提出了现代计算机视觉应用框架，人们使用计算机成像设备把现实场景转变成计算机可认知的图像，再经过计算机视觉系统的处理得到相应的描述信息，根据这些信息反作用于场景。

21 世纪，随着计算摄影学飞速发展，原有成像设备在机理上有了新的改进，将软件计算与硬件设计相结合，实现更加真实的场景拍摄。随着智能便携式手持设备的普及，计算机视觉在人们的生活中所起的作用深入和突出，其应用领域也越来越多。

目前，国内计算机视觉正处于发展阶段，以应用为主，广泛应用于工、农、制造等行业以及军事等领域中。工业领域是机器视觉应用比重最大的领域，主要用于工业检测、工业焊接、电力系统、医疗、公安、石油、金融、交通、商标管理、金相分析以及流水线检测等领域。制造业中，主要使用机器视觉检测方法，可用于焊接、车身检查、模具检测等领域。农业领域计算机视觉主要用于种质资源检测、自动化田间作业和农产品的分级与加工中。军事领域计算机视觉主要用于侦察领域、智能军事设备、安全保卫系统等，对国防安全有重大意义。随着产业规模的不断扩大，计算机视觉应用也处于转型时期，走向大数据物联网时代，国内很多创业公司在计算机视觉领域大有作为，如大疆科技、商汤科技、格灵深瞳等。一些互联网公司也先后研发自己的产品，如腾讯微信的扫一扫、阿里巴巴的 Face＋＋、美图秀秀、百度的以图搜图等。在科研方面，国内很多科研结构在视觉领域投入了大量的研究。

三、计算机视觉算法并行化的发展

自从计算机诞生以来，人们一直致力于如何获得更高的运算速度，为此不断改良计算机硬件设备，但硬件仍然制约着计算机运算速度的提升。随着求解问题规模不断扩大，传统基于单核处理器的计算已经不能满足人们大规模的快速计算，在新一代计算机中人们趋于使用软件并行技术来改善运算速度，即对相应串行算法进行并行化设计与实现，从而加快程序的执行。并行计算是相对于串行计算来说的，旨在提高运算速度，减少计算时间。

早期的计算机视觉算法并行化主要在微机上利用共享内存、消息传递、多线程等技术实现并行化，相对的一些常见的函数库有 Open MP，MPI，Pthread 等。到了 20 世纪 90 年代图形卡发展成为现代的图形处理单元(GPU)，GPU 以其超强的计算能力为计算机视觉算法并行化带来了新的机会，但是编写 GPU 代码是一件非常不容易的事，GPU 编程缺少相应的规范，而且不同厂家生产的 GPU 特性不同，编写的程序没有可移植性。开放着色语言（ OpenGL Shading Language，GLSL ）是 2004 年作为 OpenGL 2.0 标准中出现的，是一种用于计算机图形系统中在 GPU 上编程的语言，也可以用于计算机视觉编程。2008 年，OpenCL 标准的出现彻底改变了 CPU 上的编程。

所谓异构计算是 CPU＋GPU 或者 CPU＋其他设备协同计算。最早 X86 处理器满足不了游戏渲染对计算能力的需求而引入 GPU，到现在 X86 处理器芯片中集成 GPU 所使用的面积已经超过了 CPU 的面积。OpenCL 是异构平台实现并行编程的工业标准，为 GPU 上通用计算软件的开发提供两套开放的通用 API，得到了工业界广泛的支持。OpenCL 支持数据并行和任务并行，结合 CPU 协同工作，发挥各自长处，适合计算机视觉算法的并行化。OpenCL 框架底层的实现是由相关硬件厂商提供，不同的硬件平台具有不同的特性，通常设计人员会结合这些平台特性对 OpenCL 程序进行一些优化，虽然能进一步提高程序执行效率，在一定程度上降低 OpenCL 程序可移植性。

2013 年，OpenVX 1.0 标准发布了计算机视觉领域的一种低层次编程框架。OpenVX 定义了比 OpenCL 等计算框架更高水平的执行抽象和内存模型，但又兼容 OpenCL，为在更多架构上的执行创新和高效执行带来重大意义，同时确保和以往一致的视觉加速 API，实现应用程序的可移植性。OpenVX 实现了计算机视觉处理中性能和能耗两方面的优化，特别是在嵌入式和实时应用中起到重要作用。OpenVX 将计算机视觉算法抽象成一个有向无环图，图中的节点是计算机视觉核函数，通过对图中节点或整个图的加速来提高计算机视觉算法的运行效率。已有专家研究了 OpenVX 在阵列机上的实现，介绍了 OpenVX 在阵列机上的整体架构，提出了图模型的节点映射和全图映射两种映射方式，节点映射是基于数据并行的，与 OpenCL 相结合实现并行化；而全图映射是基于任务并行的，对于任务如何分配，该文献没有提出相关介绍。在现有的研究基础上，提出了一种基于模版的图映射方法，针对阵列机提出了一些图映射的模版，引入流水线机制能够解决部分问题，但是由于并行程序设计和计算机视觉算法的复杂性，模版不能匹配所有问题，该方法仍然存在缺陷。可以说到目前为止，仍然没有一个有效的方法使 OpenVX 中的有向无环图能较好地映射到硬件平台上，而这一点也限制了 OpenVX 标准的实际应用。

计算机视觉算法并行化发展至今，几乎所有的工作都是围绕着数据并行和任务并行两种计算模型展开的，到目前为止，这些技术已经非常成熟了，本章结合自主设计的阵列机，在这两种模型基础上，引入流水线技术探讨计算机视觉算法的并行化。

第二节 计算机视觉关键算法

一、SD-VBS

SD-VBS 是由加利福尼亚大学圣迭戈分校开发的计算机视觉库，旨在为多核平台上的计算机视觉应用提供一个性能测试基准。SD-VBS 包含了视差图像、特征跟踪、图像分割、尺度不变特征转换 SIFT（Scale-Invariant Feature Transform）、机器人定位、支持向量机 SVM（Support Vector Machine）、人脸检测、图像拼接和纹理合成九个应用，涉及图像处理、图像分析、图像理解以及运动、机器人视觉、跟踪和立体视觉等多个应用领域。

特征跟踪是指从图像序列中提取运动信息的过程，主要包含特征的提取和运动特征的估计。SD-VBS 实现了 Kanade Lucas Tomasi（KLT）的基于 Harris 角点的目标跟踪算法，该算法广泛应用于机器人视觉和汽车领域中实时车辆跟踪等。

SIFT 是一种用于提取区分度较高和健壮性较强的图像局部特征算法，广泛应用于物体识别、视频目标跟踪、图像拼接等。

机器人定位是对当前环境进行地图建模，确定机器人在该模型中的坐标位置。SD-VBS 实现了 Monte Carlo Localization 定位算法，该算法结合了运动概率模型、机器人感知、粒子滤波等技术。

SVM 支持向量机是一种用于数据二分类问题的机器学习算法，有训练和分类两个阶段，扩展后的 SVM 可以用于数据的多分类问题。SD-VBS 用一种内点迭代算法求解 Karush Kuhn Tucker 条件下原始问题及其对偶问题。

人脸检测是在图像中检测人脸区域。SD-VBS 实现了 ViolaJones 人脸检测算法，该算法常用于生物识别、视频监控、人机界面交互和图像数据库管理等。

图像拼接均是指将一系列有重叠的图像拼接成一幅图像。SD-VBS 实现了一种基于 Harris 角点的图像拼接算法，该算法只需提取图像上角点的信息进行计算，能大幅度减少计算量，且适用于图像有较大变化的情况，该算法广泛应用于电影制作、全景图像制作、虚拟现实技术、碎片图像组合等众多领域。

图像分割是将一张图像分割成多个块。SD-VBS 中将图像抽象成数据结构中的无向带权图，图中节点即像素点，图上边的权值表示边所在两个节点（像素点）之间的相似性，从而把图像的分割问题转变为图论切割集的问题。

视差图像通常是一张灰度图，像素点的值为视差值。在计算视差时，以人眼为例，人的眼睛看同一个东西时左右眼会在方向上产生一定的差异，这种差异就是视差，一般用机器获取视差时，需要有成对的采集设备，并保证它们像人的双眼一样具有一定的距离。由于视差图像中包含了大量的原始场景中三维信息和深度信息，广泛应用于双目视觉匹配。

纹理合成是由小规模图像纹理描述生成相近或相同较大规模纹理图像。

SD-VBS 实现了 Efros/Leung 提出的基于样例的无参数纹理合成算法。纹理合成发展的新趋势有实时纹理的合成、提高纹理合成的质量和多种纹理混合合成，其中纹理的实时合成比较火热。

本章选择 SD-VBS 作为研究对象主要原因有三个：

① SD-VBS 为多核平台设计，SMT-PAAG 是一种新型多核阵列机。

② SD-VBS 与其他一些类似的库相比。常见的视觉库有：面向性能的 PARSEC，Media Beach 和 Spec2000 等；面向准确性的 Berkeley Segmentation Database and IBenchmark，ImageCLEFPEIPA 等以及开源的跨平台计算机视觉库 OpenCV 等。其中 OpenCV 最为著名，OpenCV 包含了视觉方面很多的通用算法，一直被很多开发人员热捧，但是随着 OpenCV 不断地发展，它本身出现了很多问题，比如代码量巨大、函数调用关系复杂、由于开发人员水平参差不齐导致库中含有大量垃圾代码等。例如 OpenCV 实现图像滤波功能写了 2000 行代码、使用了 204 个条件语句，这些问题使计算机视觉学者对 OpenCV 持褒贬不同的态度，而 SD-VBS 为这九个应用提供了简洁的 Matlab 代码，这些代码结构清晰，相互之间的调用简单，非常容易学习，可随意用其他高级语言改写。

③ SD-VBS 中 9 个应用是由一些的"基本"核函数构成。不难看出，SD-VBS 设计原理是从丰富的计算机视觉应用世界中选择一些经典应用，这些应用可以被拆解成为一些使用频度很高的核函数和可单独调用的模块，把这些核函数和模块的整体或者部分进行重新组合可以形成新的应用，这种设计思想与最新的计算机视觉低级编程框架 OpenVX 不谋而合，两者都提出了核函数思想，用核函数去构建新的应用，通过对核函数的加速从而实现对整个算法的加速。从时间上看，SD-VBS 的出现比 OpenVX（2013 年）的出现要早很多，说明 SD-VBS 在设计上有独到之处。另外，SD-VBS 中核函数的设置要比 OpenVX 宽泛，OpenVX 提供了 40 个核函数，大部分核函数都是计算机视觉中最基本的简单函数，如图像的算术运算、图像的逻辑运算和图像的位运算等，还有很多图像的局部操作，这些局部操作都可以通过一个卷积函数实现，只是对应的卷积核算子不同，虽然 OpenVX 提供了自定义核函数机制，但自定义的核函数却不能实现加速；相反，SD-VBS 中大部分函数都实现了比较复杂的功能，并给出了 SD-VBS 使用到的一些主要的核函数，

这些核函数包含了计算机视觉中基础的滤波算法和比较复杂的自适应增强算法等。

二、积分图像算法

积分图像是定义在灰度图像之上的，积分图像上任意点（x，y）的值为灰度图像上横坐标小于等于 x 或纵坐标小于等于 y 的区域内所有像素灰度值的总和。

对于原图像中任意一个区域内像素的值的总和都可以通过积分图像快速计算出来。SD-VBS 利用积分图像的这一特征实现了视差图像中快速配准、人脸检测中 Haar 特征快速计算。积分图像算法常用于一些匹配算法和特征提取算法的优化与改进，相关文献也很多，其在多核平台上并行化的研究也非常有价值。

三、LBP 特征提取算法

LBP 特征是一种在灰度范围内有效的纹理描述，常用于人脸识别、模式识别等，原理是先用一种结构化的思想去分析固定窗口上特征，再用统计学方法提取整体特征，即先将图像转化为 LBP 图像，再对 LBP 图像上像素值分布进行统计（直方图）后做归一化处理。图像转化为 LBP 图像就是用相应的 LBP 算子去处理原始图像，本章主要讨论基本 LBP 算子和等价 LBP 算子。

基本 LBP 算子的原理是选取 3×3 大小窗口，用中心像素点的值和周围 8 个像素点的值进行比较，大于记 1，否则记 0，得到一个 01 串，其对应的十进制数（权值累加和）就是该中心像素点的值。基本 LBP 算子中二进制字符串长为 8，LBP 模式一共有 256 种。

等价模式 LBP 算子由 Ojala 提出用于对基本 LBP 算子的模式种类进行降维：当某个 LBP 所对应的循环二进制数从 0 到 1 或从 1 到 0 最多有两次跳变时，该 LBP 所对应的二进制就称为一个等价模式类，模式数量由原来的 2P 种减少为 P（P-1）+ 2 种，P 表示窗口上像素点的个数，对于 3×3 邻域内 8 个采样点而言，等价模式只有 58 种，再加上 1 种非等价模式一共 59 种，比基本模式少了 197 种。

LBP 特征提取是将 LBP 图像划分成小块，计算每个小块的直方图，然后对这些直方图进行归一化处理，将所得到的向量连接起来即得原始图像的 LBP 特征，本章将 LBP 图像固定划分成 16 块进行统计，因此原始 LBP 算子所得特征为 16×256 维、等价 LBP 为 16×59 维。

四、Harris 角点检测与匹配算法

在计算机视觉中，角点是一种很重要的兴趣点，是图像中边界变化比较明显的点，常用于解决物体识别、图像匹配、视觉跟踪和三维重建等问题，通过选择某些特殊点和局部的分析来解决问题。

Harris 角点是常用的基于灰度图像的角点，具有对噪声敏感、精准定位、旋转不变、区分度高等特点，相比于 SIFT 角点，Harris 计算简单，非常适合于目前流行的嵌入式设备。

（一）Harris 角点检测

Harris 角点检测的原理是使用一个检测窗口，让该窗口在图像上移动，在图像上平滑区域和图像边缘方向上待检窗口是不会发生变化的，但是在角点上各个方向都有明显的变化，该点的响应值 R（角点邻域内变化强度的平均值）就是 Harris 角点检测的标准，当 R 达到一定阈值时，则判定该点为角点。

（二）Harris 角点匹配

角点匹配是指寻找两幅图像上的角点之间的对应关系。Harris 角点的匹配分三步：角点的向量描述、粗匹配和精确匹配。

Harris 角点的向量描述是将角点由点特征转换为向量特征。点特征只包含该点的坐标信息和灰度信息，可比较性不强，因此使用邻域的信息把点特征转换为向量特征，具体做法：对图像做高斯模糊，以角点为中心，取固定大小的区域，在该区域内进行等间隔采样，产生一系列数值组成向量，再做归一化处理。

粗匹配是初步筛选出两幅图像中配对的角点。先计算特征点两两之间的欧氏距离，根据这个距离对角点对按升序排序，选择其中距离最小的一对特征向量配对，用最小的距离和第二小的距离的比值进行筛选，如果比值小于 0.65 则认定粗匹配成功，那么这样既能够获得更高的准确度，又能控制较低的误差。

粗匹配只是对两幅图像上的角点进行大概配对，其并不能保证所有匹配角点对的正确性，其中可能包含部分错误的匹配，因此需要再进行一次精

确匹配。精确匹配使用随机采样一致性 RA NSAC 算法。

此 RANSAC 属于迭代算法，有很强的健壮性，常用于参数估计。基本思想是在进行参数估计时，将具体问题抽象成一个目标函数，然后随机选取一组数据估计该函数的参数值，利用这些参数把所有的数据分为两类：有效数据和无效数据，其中有效数据为满足估计的部分（内点），无效数据为不满足估计参数（外点），多次执行以上操作，直到选出的有效数据在原始所有数据中比例最大的一组参数。

第三节 关键算法的并行化实现

一、SMT-PAAG 并行编程

SMT-PAAG 采用面向过程的结构化程序设计方法，支持程序的顺序结构、选择结构与循环结构。几乎所有的编程语言都是顺序执行的，高级语言通过编译系统将源码转换为底层的汇编语言，再到 01 二进制码，SMT-PAAG 也不例外，但是目前还没有针对 SMT-PAAG 的高级语言的编译器，SMT-PAAG 程序暂时由汇编语言来写。选择语句由 SMT-PAAG 的跳转指令实现的，根据条件成立与否选择程序执行的路径。循环语句由 SMT-PAAG 的间接寻址指令结合跳转指令实现的，重复执行一个、几个操作或模块，直到满足某一条件为止。如下程序段，实现 5 个数的求和：

```
#param 00              ①
SETB100.#43.0
SE1B101.#29.0
SETB102.#42.0          ②
SETB103.#390
SETB104.#42.0
SETB10.#0.0            ③
SETB11.#5.0
SETB12.#100.0          ④
SETB13.#14.0
JI:
```

LDPTR r0.12   ⑤

LDPTR r1，13

STPTR r1，r0

ADD15.15.14   ⑥

ADDI12，12.#1

ADDI10.10.#1   ⑦

BLTJ1.10.11

① param 预处理指令用于说明该程序是在哪个处理单元的几号线程执行，第一个 0 表示 0 号处理单元，第二个 0 表示 0 号线程；

② SETB 指令为 5 个原始数据的初始化，顺序执行，将数据 43、29、42、39、42 分别存储在地址 100 ~ 104；

③将地址 10 初始化为 0，用于记录循环执行次数，地址 11 初始化为 5，用于存放循环退出条件；

④将地址 12 初始化为 100、13 初始化为 14；

⑤通过 LDPTR、STPTR 实现间接寻址，将地址 100 中的数据存放到地址 14 中，JI 为循环开始标签；

⑥将地址 14 的值累加到地址 15（地址 15 未初始化，SMT-PAAG 默认初始为 0），地址 15 的值为最终结果；

⑦地址 12 的值加 1 表示数据偏移量，循环计数器（地址 10）加 1、BLT 指令用于判断是否满足循环条件。

SMT-PAAG 主要支持的并行计算模型有：数据并行（Data Level Parallelism，DLP）、任务并行（Task Level Parallel，TLP）和流水线技术。

（一）SMT-PAAG 数据并行

数据并行是指多个线程对不同的数据执行相同的操作，也就是说每个线程都有各自的数据，对这些数据所做的操作是一样的。数据并行的关键是数据的划分，常见的准则有：①根据输出结果划分；②根据输入数据划分；③根据输入数据和输出结果划分。

当输出结果具有不可划分性，准则①不适用，可以考虑准则②，例如，数组求最值问题，程序只有一个输出，对输入数组进行划分，由多个线程分别求出每个划分的最值，再进行一个归并操作，就可以求出最值。准则③是一种高级划分，结合了程序输入输出对数据进行划分能得到更高的并行性，用于比较复杂问题，在实际应用中并不常用。

SMT-PAAG 数据并行可以是 SIMD 模式下，也可以是 MIMD 模式下，两者不同的是指令的存储，SIMD 模式下指令是由行控制器发送给处理单元的线程中去执行的；MIMD 模式下指令是存储在每个线程的指令存储中。对于条件语句，条件成立和条件不成立 SIMD 都要执行，而 MIMD 只执行其中之一，当有大量条件语句时，SIMD 模式效率要远远低于 MIMD 模式。

对于数据划分，SMT-PAAG 一般是将输入数据，按照负载均衡的原则，根据参与运算的线程数目，进行划分，主要有以下两种情况：

（1）数值计算时，输入一般为数组，将数组平均划分成多段，每个线程负责计算其中的一段；

（2）矩阵运算时，输入一般为矩阵，将矩阵平均划分成多块，每个线程负责计算其中的一块。

而参与运算的线程数目是由问题规模决定的。数据并行在 SMT-PAAG 具有一定的可扩展性。以两个图像求和为例，将两张原始的大图像分割成多个小块，加载到不同的线程，进行求和，待所有线程运算完毕之后，再将结果拼起来，便完成了计算。当有更大的图像需要求和时，可以在保持原来每个线程计算量不变的情况下，增加参与计算线程也能实现并行求和。

（二）SMT-PAAG 任务并行

任务并行是将一个复杂的任务划分成多个任务，原则上要求这些任务是可以并行执行。任务划分时要注意：

①任务的数目应接近于处理器线程数目，使每个线程都工作起来，提高处理器利用率。

②每个线程执行的任务量相当，可以获取更好的负载均衡。

③每个任务的粒度不能太小。如果粒度太小，总的开销中线程调度和通信开销所占比例会大，反而会影响程序执行效率。

④任务划分时要注意任务之间的数据相关，合理控制任务间共享数据的互斥访问，以免发生任务阻塞或数据读写错误。

⑤任务划分时应注意任务之间顺序相关，保证每个任务的先后执行顺序，即执行某一个任务之前必须保证它之前的所有任务都已经完成，可以使

用关键路径算法对所有任务进行排序后进行划分。

SMT-PAAG 任务并行是在 MIMD 模式下执行的，划分出来的任务由每个处理单元上的线程去独立执行，由于 SMT-PAAG 每个线程指令存储大小有限制，因此 SMT-PAAG 上任务的划分还应注意任务不能太大以免超出了指令的最大存储。

（三）SMT-PAAG 流水线

流水线思想来源于处理器硬件流水。硬件流水是将指令拆分，是一种指令级别的并行技术，而流水线技术关注的目标高于指令，是任务或更高级别的操作（也可能是多个操作）。一般按照数据流将任务分成多级来处理：将一条数据传给一级去处理，处理完后将结果传给下一级，即上一级的输出结果作为下一级的输入，下一级开始执行时，上一级再去处理下一条数据，再下一级的处理和前面的一样。

流水线是建立在数据流与数据通信基础之上的。SMT-PAAG 上流水线有三种：处理单元内部线程流水线、处理单元流水线以及处理单元内部线程与其他处理单元内部线程流水线，其中，后一种是前两种的结合。三种流水线与 SMT-PAAG 通信机制是分不开的。

处理单元内部线程流水线是将每个线程作为流水线的一级，上一级处理完的结果通过线程间通信传递给下一级从而形成流水线，这种流水线方式在每级流水上的通信开销（线程间通信）是一致的，最多支持 8 级，因为每个处理单元内部只有 8 个线程。在实际应用中当流水线长度不高于 8 时，选择处理单元内部线程流水线。处理单元流水线是指每个处理器单元（处理器中某一线程）作为流水线的一级，通过其他通信方式（非线程间通信）将处理结果传给下一级处理单元（相同编号的线程），有两种通信方式选择：近邻通信和远程通信。显然近邻通信为首选，近邻通信开销小，这要求在选择处理单元时尽量选择相邻的处理单元，SMT-PAAG 有两种选择，如图 7-1 所示，处理器单元之间的通信通过近邻通信完成。处理单元内部线程与其他处理单元内部线程流水线是一种线程间的流水线，不同的是，流水线上的多个线程不在一个处理单元内部，而是在多个处理单元中，这种流水线最多支持 16×8 级，在实际应用中如此长度的流水线并不多见。在实际应用中当流水线长度介于 9 和 16 之间时，优先选择线程间流水，其每一级流水线上通信开销（近邻通信）也是一致。当流水线长度超过 16 时，有两种方案：

①合并一些任务，适当缩短流水线长度。

②选择处理单元内部线程与其他处理单元内部线程间的流水线，但这样肯定会有一级或几级流水线上的通信开销高于其他级（处理单元间近邻通信开销大于线程间通信开销）。

对以上三种流水线，都要求算法设计人员合理分派流水线上的任务，在考虑通信开销情况下尽可能等量划分任务，防止流水线上任何一级成为整条流水线的瓶颈。

流水线在计算机视觉中应用广泛，尤其是在视频图像处理中，考虑一个简单场景：实时将采集到的图像数据灰度化并上传到远程服务器。

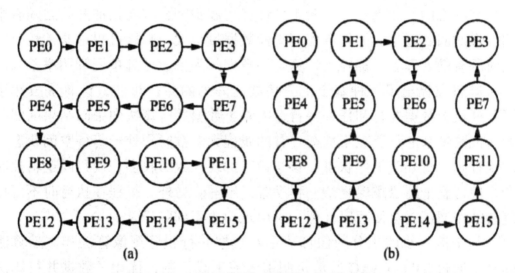

图 7-1 SMT-PAAG 处理单元级别流水线两种方式

二、积分图像并行算法的设计与实现

积分图像算法在计算时分两步：做水平方向累加、做竖直方向累加，后一步处理前一步的结果，结合这一特征，提出以下两种并行积分图像算法。

（一）基于数据并行的积分图像算法

根据积分图像的定义，无论是以行为主的水平方向累加还是以列为主的竖直方向累加，行与行之间、列与列之间都是透明的。提出数据并行积分图像算法，该算法先在线程内部直接进行水平方向累加，水平计算完成后回收结果数据，再将结果按列划分，加载到不同线程进行竖直方向累加。这种并行算法思路简单，具有很好的可移植性，目前在很多异构平台上都有实现，而且实现了部分优化，但优化都是针对平台特性的，如 AMD 公司的 GPU 和 NVIDIA 公司的 GPU 等结合了存储器架构特点实现优化，而 SMT-PAAG 没有相关特性，不能实现相关优化。另外，竖直方向的累加和可以让水平方向计算完的结果数据进行转置后再用水平方向累加和方法进行计算，计算完成后再转置回来。

（二）基于流水线的积分图像算法

基于数据并行的积分图像虽然可以进行优化，当数据划分合理时也能达到很好的负载均衡，但是优化只是针对算法中某个模块，如对前缀求和的优化，程序在整体框架上并没有实质性的改进，执行期间仍有处理单元是处于空闲状态的，如当水平方向累加计算完成到竖直方向累加开始之间有个中间结果的回收过程，如果待处理图像数据量很大，则该过程是非常耗时的，此时所有的处理单元都停止计算等待数据的到来，处理单元利用率不高。

有研究提出了一种基于上三角波前阵列的并行算法，该算法虽然结合了阵列机上数据并行和任务并行，去除了数据并行算法中中间结果的回收过程，但是带来的是负载不均衡，有的线程大多数时间处于等待空闲状态，有的线程则一直处于工作状态：参与运算的线程数目较多，线程间逻辑控制复杂，使得整个算法逻辑复杂，程序难以编写。另外，线程在执行时不可控，复杂的控制逻辑会使程序在运行时出现预想不到的异常。

基于流水线的积分图像算法是对数据并行积分图像算法和文献算法的弥补，通过 SMT-PAAG 通信机制引入流水线机制，优化了数据并行算法中竖直方法累加和阶段，该算法仍然分两步计算：使用数据并行的方式进行水平方向累加；使用流水线进行竖直方向累加，这里主要介绍基于流水线的竖直方向累加。

先考虑一种小分辨率图像的积分图像的计算，即每个线程负责处理一行数据且线程数目不超过 8（可以在一个处理单元中执行），水平方向累加完成后，所有的结果仍然存储在线程的私有存储中，此时 Thread0 不再需要做加法，将所有的数据发送给 thread1，thread1 进行一次对应位置上数据的加法，再将结果发送给 thread2，如此这样，也能实现整个计算，但这种计算实际是一种串行计算，同一时间只有一个线程在进行计算，只是在每次计算完成后换下一个线程运行而已，并不能提高计算效率。为此，设计流水线进行计算，thread0 向 Thread1 发送数据，每次发送一个，Thread1 接收后，与相应位置上的数据进行加法，将结果再发送给 thread2，与此同时 thread0 向 thread1 出发送下一个数据，thread2 数据处理完成后发送给 hread3，再接收 Thread1 发来的数据，以此类推，一条流水线就形成了，该流水线有 n 个线程就有 n 级流水，0 级流水负责开始发送数据，n−1 级流水计算完成后不再发送数据，中间各级都有接收、发送等操作，这个接收和发送是线程内部的通信，开销特别小，整个流水线的效率很高。

对于大分辨率图像的积分图像的计算，所需要的线程数目超过 8，这对于水平方向上的累加并没什么影响，在竖直方向上的计算，流水线不能在一个处理单元内完成，考虑使用处理单元间的流水线，必定存在不同处理单元内线程间的通信，即便选择近邻通信，该级流水线上的通信开销也比其他级上的大，运行时间增长，从而影响到整条流水线的执行效率，在这种情况下，先将图像数据以处理单元为单位平均分配，尽可能保证处理单元间负载均衡，在每个处理单元内部以小分辨率图像流水线进行竖直计算，PE0 中的数据就是最后的结果，PE1 中的数据只需要按对应列加上 PE0 中最后一行的数据就是最后的结果，同样 PE2 中的数据也需要按对应列加上 PE1 中最后一行的数据，依次计算，即先将 PE0 的 Thread？上的数据发送给 PE1 中每个线程计算，再将 PE1 的 Thread? 上数据发送给 PE2 进行计算等，我们发现这种计算方式虽然在所有 PE 上运行看似并行，但从时间角度考虑，实际上是串行执行的。

第八章 计算机多媒体与数据库技术的创新与应用

第一节 多媒体技术的基本知识

一、多媒体技术的概念及特征

多媒体技术是指以计算机为手段来获取、处理、存储和表现多媒体的一种综合性技术。多媒体计算机可以在现有 PC 机的基础上加上一些硬件和相应的软件，使其具有综合处理声音、文字、图像、视频等多种媒体信息能力的多功能计算机，它是计算机和视觉、听觉等多种媒体系统的综合。

媒体在计算机领域有两种含义，既可理解为存储信息的实体，如磁盘、光盘等，也可理解为传递信息的载体，如文字、声音、图像、动画、视频等。多媒体信息中的媒体指的是后者，即通过各种外部设备将文字、图像、声音、动画、影视等多媒体信息采集到计算机中，以数字化的形式进行加工、编辑、合成和存储，最终形成具有交互特征的多媒体产品。在这一过程中，多媒体计算机与电视等其他多媒体设备之间的差异主要表现在前者更强调交互性，即人们在计算机上使用多媒体产品时，可以根据需要去控制和调节各种多媒体信息的表现方式，而不仅仅是被动地接受多媒体信息。多媒体技术是指用计算机综合处理多媒体并使各种媒体建立逻辑链接的技术，是信息传播技术、信息处理技术和信息存储技术的组合。多媒体技术具有交互性、集成性、多样性和实时性等特征。

多媒体技术是指用计算机综合处理多媒体并使各种媒体建立逻辑链接的技术，是信息传播技术、信息处理技术和信息存储技术的组合。多媒体技术术具有交互性、集成性、多样性和实时性等特征。

（一）交互性

人们日常通过看电视、读报纸等形式单向地、被动地接收信息，而不能够双向地、主动地编辑这些媒体的信息。在多媒体系统中，用户可以主动地编辑、处理各种信息，具有人—机交互功能。交互性是多媒体技术的关键特征，没有交互性的系统就不是多媒体系统。交互性是指多媒体系统向用户提供交互式使用、加工和控制信息的手段，从而为应用开辟了更加广阔的领域，也为用户提供了更加自然的信息存取手段。交互可以增加对信息的注意力和理解力，延长信息的保留时间。

（二）多样性

多媒体信息是多样化的，也指媒体输入、传播、再现和展示手段的多样化。多媒体技术使人们的思维不再局限于顺序、单调和狭小的范围。这些信息媒体包括文字、声音、图像、动画等，它扩大了计算机所能处理的信息空间，使计算机不再局限于处理数值、文本等，使人们能得心应手地处理更多种信息。

（三）集成性

多媒体系统充分体现了集成性的巨大作用。事实上，多媒体中的许多技术在早期都可以单独使用，但作用十分有限。这是因为它们是单一的、零散的，如单一的图像处理技术、声音处理技术、交互技术、电视技术和通信技术等。但当它们在多媒体的旗帜下集合时，一方面意味着技术已经发展到了相当成熟的程度；另一方面意味着各种技术独自发展不再能满足应用的需要。信息空间的不完整，如仅有静态图像而无动态视频，仅有语音而无图像等，都将限制信息空间的信息组织，限制信息的有效使用。同样，信息交互手段的单调性、通信能力的不足、多种设备和应用的人为分离，也会制约应用的发展。因此，多媒体系统的产生与发展，既体现了应用的强烈需求，也顺应了全球网络的一体化、互通互联的要求。

多媒体的集成性主要表现在两个方面，一是多媒体信息媒体的集成，二是处理这些媒体的设备与设施的集成。首先，各种信息媒体应该能够同时地、统一地表示信息。尽管可能是多通道的输入或输出，但对用户来说，它们就都应该是一体的。这种集成包括信息的多通道统一获取、多媒体信息的统一存储与组织，以及多媒体信息表现合成等各方面。因为多媒体信息带来了信息冗余性，可以通过媒体的重复、使用别的媒体，或是并行地使用多种媒体的方法消除来自通信双方及环境噪声对通信产生的干扰。由于多种媒体中的每一种媒体都会对另一种媒体所传递信号的多种解释产生某种限制作用，所以多种媒体的同时使用可以减少信息理解上的多义性。总之，不应再像早期那样，只能使用单一的形态对媒体进行获取、加工和理解，而应注意保留媒体之间的关系及其所蕴含的大量信息。其次，多媒体系统是建立在一个大的信息环境之下的，系统的各种设备与设施应该成为一个整体。从硬件来说，应该具有能够处理各种媒体信息的高速及并行的处理系统、大容量的存储、适合多媒体多通道的输入输出能力、外设宽带的通信网络接口，以及适合多媒体信息传输的多媒体通信网络。对于软件来说，应该有集成一体化的多媒体操作系统、各个系统之间的媒体交换格式、适合于多媒体信息管理的数据库系统、适合使用的软件和创作工具及各类应用软件等。多媒体中的集成性应该说是系统级的一次飞跃。无论信息、数据，还是系统、网络、软硬件设施，通过多媒体的集成性构造出支持广泛信息应用的信息系统，$1+1>2$ 的系统特性将在多媒体信息系统中得到充分的体现。

（四）实时性

实时性是指在多媒体系统中声音及活动的视频、图像是实时的。多媒体系统提供了对这些媒体实时处理和控制的能力。多媒体系统除了像一般计算机一样能够处理离散媒体，如文本、图像外，它的一个基本特征就是能够综合地处理带有时间关系的媒体，如音频、视频和动画，甚至是实况信息媒体。这就意味着多媒体系统在处理信息时有着严格的时序要求和较高的速度要求。当系统应用扩大到网络范围后，这个问题将会更加突出，会对系统结构、媒体同步、多媒体操作系统及应用服务提出相应的实时化要求。在许多方面，实时性确实已经成为多媒体系统的关键技术。

（五）多媒体技术

需要特别指出的是，很多人将多媒体看作是计算机技术的一个分支，这是不太合适的。多媒体技术以数字化为基础，注定其与计算机技术密切结合，甚至可以说要以计算机为基础。但还有许多内容原先并不属于计算机技术的范畴，如电视技术、广播通信技术、印刷出版技术等。当然，可以有多媒体计算机技术，也可以有多媒体电视技术、多媒体通信技术等。一般说来，多媒体指的是一个很大的领域，指的是和信息有关的所有技术与方法进一步发展的领域。

二、多媒体计算机系统

多媒体计算机系统由多媒体硬件和软件构成。具有强大的多媒体信息处理能力，能交互式地处理文字、图形、图像、声音及视频、动画等多种媒体信息，并提供多媒体信息的输入、编辑存储及播放等功能。

（一）多媒体硬件

多媒体硬件是多媒体计算机系统的基本物质实体。多媒体计算机系统硬件的基本结构包括主机（个人计算机或工作站）、各种接口卡（音频、视频、显卡）、各种输入输出设备及光盘驱动器等。

（二）多媒体软件

多媒体计算机系统的软件应具有综合使用各种媒体的能力，能灵活地调度多种媒体数据，能进行相应的传输和处理，使各种媒体硬件和谐地工作。多媒体软件必须运行于多媒体硬件系统之中，才能发挥其多媒体功效。

多媒体计算机系统除具有上述的有关硬件外，还需配备有相应的多媒体软件，如果说硬件是多媒体计算机系统的基础，那么软件是多媒体计算机系统的灵魂。多媒体计算机系统的软件应具有综合使用各种媒体的能力，能灵活地调度多种媒体数据，能进行相应的传输和处理，使各种媒体硬件和谐地工作。多媒体软件是多媒体技术的核心，主要任务就是使用户方便地控制多媒体硬件，并能全面有效地组织和操作各种媒体数据。多媒体软件必须运行于多媒体硬件系统之中，才能发挥其多媒体功效。多媒体计算机系统的软件按功能可分为系统软件和应用软件。

1.多媒体系统软件

系统软件是多媒体计算机系统的核心，它不仅具有综合使用各种媒体、灵活调度多媒体数据进行媒体的传输和处理能力，而且要控制各种媒体硬件设备和谐地工作，即将种类繁多的硬件有机地组织到一起，使用户能灵活控制多媒体硬件设备和组织操作多媒体数据。

多媒体系统软件除具有一般系统软件特点外，还要反映多媒体技术的特点，如数据压缩、媒体硬件接口的驱动与集成、新型的交互方式等。多媒体系统软件的功能包括实现多媒体处理功能的实时操作系统、多媒体通信软件、多媒体数据库管理系统，以及多媒体应用开发工具与集成开发环境等。

主要的多媒体系统软件有多媒体设备驱动程序、多媒体操作系统、媒体素材制作软件（多媒体数据准备软件）、多媒体创作工具和开发环境。通常，这些多媒体系统软件是由计算机专业人员来设计与实现的。

（1）多媒体设备驱动程序

多媒体设备驱动程序（也称驱动模块）是最底层硬件的软件支撑环境，是多媒体计算机中直接和硬件打交道的软件，它完成设备的初始化及各种设备操作、设备的打开和关闭，以及基于硬件的压缩与解压缩、图像快速变换及基本硬件功能调用等。每一种多媒体硬件需要一个相应的设备驱动软件，这种软件一般随着硬件一起提供。例如，随声卡一起包装出售的软盘中就有相应的声卡驱动程序，将它安装后即常驻内存。通常驱动软件有视频子系统、音频子系统、视频/音频信号获取子系统等。驱动器接口程序是高层软件与驱动程序之间的接口软件，为高层软件建立虚拟设备。

（2）多媒体操作系统

多媒体的各种软件要运行于多媒体操作系统平台（如 Windows）上，故多媒体操作系统是多媒体系统软件的核心和基本软件平台，是在传统操作系统的功能基础上，增加处理声音、图像、视频等多媒体功能，并能控制与这些媒体有关的输入/输出设备。

服务器版操作系统除了有较强的桌面多媒体信息处理功能外，还提供了强有力的多媒体网络支持能力。例如，利用 Windows Media 服务，可将高质量的流式多媒体传送给 Internet 或 Intranet 上的用户，使用 Windows 服务质量（QoS），可控制如何为应用程序分配网络带宽。可给重要的应用程序分配较多的带宽，而给不太重要的应用程序分配较少的带宽。基于 QoS 的服务和协议为网络上的信息提供了有保证的、端对端的快速传送系统；对于多媒体应用程序或其他需要恒定带宽或有响应级别要求的应用程序，可以使用资源保留协议（RSVP），它可以使这些应用程序从网络上获得必需的服务质量，并允许管理这些应用程序对网络资源的影响。

多媒体操作系统的主要功能是实现多媒体环境下多任务的调度，保证音频、视频同步控制及信息处理的实时性；提供多媒体信息的各种基本操作和管理；具有对设备的相对独立性和可操作性。操作系统还应该具有独立于硬件设备和较强的可扩展能力。

（3）媒体素材制作软件

媒体素材制作软件（又称为多媒体数据准备软件及多媒体库函数）是为多媒体应用程序进行数据准备、数据采集的软件。主要包括数字化声音的录制和编辑软件、MDI信息的录制与编辑软件、全运动视频信息的采集软件、动画生成和编辑软件、图像扫描及预处理软件等。多媒体库函数作为开发环境的工具库，供设计者调用。设计者利用媒体素材制作软件提供的多媒体工作平台、接口和工具等进行各种媒体数据的采集与制作。常用的媒体素材制作软件有图像设计与编辑系统，二维、三维动画制作系统，声音采集与编辑系统，视频采集与编辑系统及多媒体公用程序与数字剪辑艺术系统等。

（4）多媒体创作工具及开发环境

多媒体创作工具及系统软件主要用于创作和编辑生成多媒体特定领域的应用软件，是多媒体专业设计人员在多媒体操作系统之上进行开发的软件工具，是针对各种媒体开发的创作、采集、编辑、二维、三维动画的制作工具。与一般编程工具不同的是，多媒体创作工具能够对声音、图形、图像、音频、视频和动画等多种媒体信息流进行控制、管理和编辑，按用户要求生成多媒体应用软件。除编辑功能外，还具有控制外设播放多媒体的功能。设计者可以利用这些开发工具和编辑系统来创作各种教育、娱乐、商业等应用的多媒体节目。

多媒体编辑与创作系统是多媒体应用系统编辑制作的环境，根据所用工具的类型，分为脚本语言及解释系统、基于图标导向的编辑系统，以及基于时间导向的编辑系统。功能强、易学易用、操作简便的创作系统和开发环境是多媒体技术广泛应用的关键所在。

多媒体开发环境有两种模式：一是以集成化平台为核心，辅助各种制作工具的工程化开发环境；二是以编程语言为核心，辅以各种工具和函数库的开发环境。

目前的多媒体创作工具有三种档次，高档适用于影视系统的专业编辑、动画制作和生成特技效果；中档用于培训、教育和娱乐节目制作；低档用于商业信息的简介、简报、家庭学习材料，电子手册等系统的制作。Authorware、Tool Book、Director 等都属于这类软件。

2. 多媒体应用软件

多媒体应用软件是在多媒体系统软件创作平台的基础上设计开发出来的面向应用领域的软件系统，通常由应用领域的专家和多媒体开发人员共同协作、配合完成。开发人员利用开发平台和创作工具制作、组织、编排大量的多媒体素材，制作生成最终的多媒体应用系统，并在应用中测试、完善，最终成为多媒体产品。例如，各种多媒体教学系统、多媒体数据库、声像俱全的电子出版物、培训软件、消费性多媒体节目、动画片等，这些多媒体应用系统放到存储介质如光盘中，以光盘产品形式作为多媒体商品销售。

三、多媒体技术的发展历程

国外对多媒体的研制始于 20 世纪 80 年代初期，最早率先推出的第一个多媒体个人计算机系统是 Amiga。它提供一个类似 Windows 的多任务 Amiga 操作系统，并以其令人惊叹的绘图功能、实时动画功能、一流的立体声音响、强有力的配套设备、丰富的应用软件而流行于欧洲市场。Philips 和 Sony 公司于 1986 年 4 月公布了基本 CD-I 系统，同时公布了 CD-ROM 文件格式，这就是以后的 ISO 标准。Intel 和 RCA 公司于 1987 年推出的数字视频交互 DVI 系统是全数字化多媒体技术的先进代表。DVI 1.0 技术具有丰富的软件支持，全世界有 80 多家厂商为其编制开发工具和各种应用软件，DVI 系统已被广泛用于训练和教育、导购和导游、信息工业、娱乐等领域。这些都是早期具有代表性的多媒体系统。

（一）多媒体技术的发展基础

多媒体系统的出现及应用，使多媒体技术以其强大的生命力在计算机界形成一股势不可当的洪流，并迅速向产业界发展。可以说，多媒体技术的发展是计算机技术发展的必然结果。多媒体技术之所以能迅速发展，有两个主要原因。

第一，多媒体使计算机适应了人们实际使用的需要。在计算机发展的初期，人们是用数值媒体承载信息，也就是用 0 和 1 两种符号表示信息。那时计算机的使用非常不便，只能局限在极少数计算机专业人员中使用。20世纪 50 年代出现了高级程序设计语言，可以用文字（如英文）作为信息的载体，进行输入与输出就直观、容易得多。计算机的应用也扩大到一般的科技人员，但还不能普及到更广泛的人员中。这是由于人们在日常生活中进行相互交往，所交换的信息媒体是多样化的，包括声音、文字图形、图像等多种形式，处理多种媒体上的信息是获得和传递信息的客观需要。在以往的技术水平还不能满足这种需要时，人与计算机的对话是一个比较烦琐、生硬的过程。因此，从20世纪80年代开始，人们就致力于研究将声音、图形和图像作为新的信息媒体输入输出计算机，使计算机的应用更为直观、容易。多媒体技术的发展进一步为人类实现自然的信息交互方式提供了条件，使人们可摆脱那些单调枯燥的应用程序和设备，进入一个具有充分表现力，有声有色的多媒体应用世界。

第二，计算机及其相关技术的高速发展为多媒体技术的发展奠定了基础。超大规模集成电路的密度和速度飞速提高，极大地提高了计算机系统的处理能力；各种专用芯片技术和并行处理技术的迅猛发展，为视频、音频信号的处理创造了条件；压缩/解压缩技术及各种压缩/解压缩芯片的发展为存储传输视频和音频信号奠定了基础；作为多媒体信息主要存储载体的光盘在容量和速度上迅速地发展，成本大幅度下降；网络技术的不断更新也为多媒体信息远距离的传输创造了条件。因此，无论从计算机技术发展应用还是从拓宽计算机处理信息的类型来看，利用多媒体技术是计算机技术发展的必然趋势，多媒体将成为21世纪计算机发展的主流。多媒体技术、计算机通信网络技术、面向对象的编程方法将构成新一代信息系统的三大支柱，三者的完美结合将为人类提供全新方式的计算机应用环境。从多媒体系统的发展来看，其主要有两大类。一是以计算机为基础的多媒体化，如一些大的计算机公司IBM、Apple等都推出各种多媒体产品，这一类可看成是计算机电视化，称为计算机电视。二是在电视和声像技术基础之上的进一步计算机化。很多声像与电视等家电公司如Sony、Philips都开发了许多的这类产品。因此，多媒体发展的趋势是两者的结合，使计算机和家用电器互相渗透，多种功能结合逐步走向标准化、实用化。

（二）多媒体技术的形成与发展过程

在计算机诞生之前人们已经掌握了单一媒体的利用技术，如文字印刷出版技术、电报电话通信、广播电视等。计算机诞生之后，从只能识别二进制代码逐步发展成能处理文本和简单的几何图形。到20世纪70年代中期，出现了广播、出版和计算机三者融合发展电子媒体的趋势，这为多媒体技术的快速形成创造了良好的条件。通常人们把 1984 年美国苹果（Apple）公司推出的 Macintosh 机作为计算机多媒体时代到来的标志。

多媒体技术的形成与发展过程可用三个网络的分别发展到逐步融合来表示。可以看出，多媒体技术是在大众传媒、通信和计算机技术协调发展和相互推进的过程中产生、形成和发展起来的。多媒体网络时代的到来，是在经历了三条不同的发展道路基础上综合发展起来的。这三条不同的发展道路如下所述。

大众传媒的广播电视技术从以前的模拟技术发展到数字技术阶段。至今 HDTV 数字电视已进入应用阶段，正朝着交互式电视（ITV）的方向发展。广播电视业务经历了语言广播业务、无线和有线电视广播业务、视频点播 VOD（或交互式电视 ITV）业务的巨大转变。

通信领域的电信网络技术经历了由模拟的电报、电话网向综合业务数字网（ISDN）、光纤宽带网的发展，以及经历无线数传、移动电话及可视电话的深刻变革。

计算机网络（特别是基于宽带的计算机通信网络）是在多种通信网如电话交换网、以太网、FDDI、分组交换网、ISDN 网等得以广泛应用的同时，迅速发展为覆盖全球的因特网。多媒体通信网络解决了不同媒体信息传输的实时性和同步性，经历了由一般意义的数据通信朝着多媒体数据通信的宽带多媒体网络方向发展的过程。多媒体技术发展过程中出现了很多有代表性的思想和系统，进一步推动了多媒体技术走向成熟。

四、多媒体信息的类型

（一）文本

文本（Text）分为非格式化文本文件和格式化文本文件。非格式化文本文件是只有文本信息没有其他任何有关格式信息的文件，又称为纯文本文件，如 .TXT 文件。格式化文本文件是指带有各种文本排版信息等格式信息的文本文件，如 .DOCX 文件。

（二）图形

图形（Graphics）一般是指用计算机绘制的画面，如直线、圆、圆弧、矩形、任意曲线和图表等。图形的格式是一组描述点、线、面等几何图形的大小、形状及其位置、维数的指令集合。在图形文件中只记录生成图的算法和图上的某些特征点，因此也称矢量图。用于产生和编辑矢量图形的程序通常称为"DAW"程序。微型计算机上常用的矢量图形文件有"3DS（用于 3D 造型）"".DXF（用于 CAD）" ".WMF（用于桌面出版）"等。

（三）图像

图像（Image）是指通过扫描仪、数字相机、摄像机等输入设备捕捉的实际场景画面，或以数字化形式存储的任意画面。静止的图像是一个矩阵，阵列中的各项数字用来描述构成图像的各个点（称为像素点 pixel）的强度与颜色等信息，这种图像也称为位图。

（四）视频

视频是由一幅幅单独的画面序列（帧）组成，这些画面以一定的帧速率（fps）连续地投射在屏幕上，使观察者具有图像连续运动的感觉。视频文件的存储格式有 AVI、MPG、MOV 等。

（五）动画

动画是活动的画面，实质是一幅幅静态图像的连续播放。动画的连续播放既指时间上的连续，也指图像内容上的连续。计算机设计动画有帧动画和造型动画两种。

帧动画是由一幅幅位图组成的连续的画面，就如电影胶片或视频画面一样要分别设计每屏幕显示的画面。造型动画是对每个运动的物体分别进行设计，赋予每个动作一些特征，然后用这些动作构成完整的帧画面。动作的表演和行为是由制作表组成的脚本来控制。存储动画的文件格式有 FLC、MMM 等。

（六）流媒体

流媒体是应用流技术在网络上传输的多媒体文件，它将连续的图像和声音信息经过压缩后存放在网站服务器上，让用户一边下载一边观看、收听，不需要将整个压缩文件下载到用户计算机后再观看。流媒体就像"水流"一样从流媒体服务器源源不断地"流"向客户机。该技术预先在客户机上创建一个缓冲区，在播放前预先下载一段资料作为缓冲，避免播放的中断，也使播放质量得以维护。

（七）音频

音频包括语言、音乐及各种动物和自然界（如风、雨、雷）发出的各种声音。加入音乐和解说词会使文字和画面更加生动：音频和视频必须同步才会使视频影像具有真实的效果。在计算机中，音频处理技术主要包括声音信号的采样、数字化、压缩和解压缩播放等。

第二节 常用的多媒体文件格式研究

一、文本文件格式

文本是计算机文字处理程序的基础，也是多媒体应用程序的基础。通过对文本显示方式的组织，多媒体应用系统可以使显示的信息更易于理解。文本数据的获得必须借助文本编辑环境，如 Word、WPS 和 Windows 自带的写字板应用程序。常用的文本格式有 .TXT、.RTF、.DOC、.WRI、.WPS 等。

文本文件分为非格式化文本文件和格式化文本文件。

（一）非格式化文本文件

只有文本信息没有其他任何有关格式信息的文件，又被称为纯文本文件，如 .txt 文件等。

（二）格式化文本文件

带有各种文本排版信息等格式信息的文本文件，如 .doc 文件等。

二、音频文件格式

音频文件通常分为两类：声音文件和 MDI 文件。声音文件指的是通过声音录入设备录制的原始声音，直接记录了真实声音的二进制采样数据，通常文件较大；MDI 文件是一种音乐演奏指令序列，相当于乐谱，可以利用声音输出设备或与计算机相连的电子乐器进行演奏，由于不包含声音数据，所以文件尺寸较小。

（一）声音文件

数字音频与 CD 音乐一样，是将真实的数字信号保存起来，播放时通过声卡将信号恢复成悦耳的声音。

1.Wave 文件（.wav）

Wave 格式文件是 Microsoft 公司开发的一种声音文件格式，用于保存 Windows 平台的音频信息资源，被 Windows 平台及其应用程序广泛支持。是 PC 上最为流行的声音文件格式，但其文件尺寸较大，多用于存储简短的声音片段。

2.MPEG 音频文件（.MP1、.MP2、.MP3）

这里的 MPEG 音频文件格式是指 MPEG 标准中的音频部分。MPEG 音频文件的压缩是一种有损压缩，根据压缩质量和编码复杂程度的不同可分为三层（MPEGAudioLayer1/2/3），分别对应 MP1、MP2、MP3 三种声音文件。MPEG 音频编码具有很高的压缩率，MP1 和 MP2 的压缩率分别为 4∶1 和 6∶1 ~ 5∶1，标准的 MP3 的压缩压缩比是 10∶1。一个 3min 长的音乐文件压缩成 MP3 后大约是 4MB，同时其音质基本保持不失真。目前在网络上使用最多的是 MP3 文件格式。

3.Realaudio 文件（.ra、.rm、ram）

Realaudio 是 Real Networks 公司开发的一种新型流行音频文件格式，主要用于在低速率的广域网上实时传输音频信息，网络连接速率不同，客户端所获得的声音质量也不尽相同。对于 14.4KB/s 的网络连接，可获得调频（AM）质量的音质；对于 25.5KB/s 的网络连接，可以达到广播级的声音质量；如果拥有 ISDN 或更快的线路连接，则可获得 CD 音质的声音。

4.WMA（.wma）

WMA（Windows Media Audio）是继 MP3 后最受欢迎的音乐格式，在压缩比和音质方面都超过了 MP3，能在较低的采样频率下产生好的音质。WMA 有微软的 Windows Media Player 做强大的后盾，目前网上的许多音乐也采用 WMA 格式。

（二）MIDI 文件（.mid）

MIDI 是乐器数字接口（Musical Instrument Digital Interface）的缩写，是数字音乐／电子合成乐器的统一国际标准，它定义了计算机音乐程序、合成器及其他电子设备交换音乐信号的方式，还规定了不同厂家的电子乐器与计算机连接的电缆和硬件及设备间数据传输的协议，可用于为不同乐器创建数字声音，可以模拟大提琴、小提琴、钢琴等常见乐器。MIDI 文件中只包含产生某种声音的指令，计算机将这些指令发送给声卡，声卡按照指令将声音合成出来，相对于声音文件，MDI 文件显得更加紧凑，其文件尺寸也小得多。

三、视频文件格式

视频是由一幅幅单独的画面序列（帧，frame）组成，这些画面以一定的帧速率（fps）连续地投射在屏幕上，使观察者具有图像连续运动的感觉。

视频文件一般分为两类，即影像文件和动画文件。

（一）影像文件

1.ASF 文件（.asf）

ASF 是 Advanced Streaming Format 的缩写，它是 Microsoft 公司的影像文件格式，是 Windows Media Service 的核心。ASF 是一种数据格式，音频、视频、图像及控制命令脚本等多媒体信息通过这种格式，以网络数据包的形式传输，实现流式多媒体内容发布。其中，在网络上传输的内容就称为 ASF Stream。ASF 支持任意的压缩 / 解压缩编码方式，并可以使用任何一种底层网络传输协议，具有很大的灵活性。

2.AVI 文件（.avi）

AVI 是音频视频交互（Audio Video Interleaved）的缩写，该格式的文件是一种不需要专门的硬件支持就能实现音频与视频压缩处理、播放和存储的文件。AVI 格式文件可以把视频信号和音频信号同时保存在文件中，在播放时，音频和视频同步播放。AVI 视频文件使用非常方便。例如，在 Windows 环境中，利用媒体播放机能够轻松地播放 AVI 视频图像；利用微软公司 office 系列中的电子幻灯片软件 PowerPoint，也可以调人和播放 AVI 文件；在网页中也很容易加入 AVI 文件；利用高级程序设计语言，也可以定义、调用和播放 AVI 文件。

3.MPEG 文件（.mpeg、.mpg、.dat）

MPEG 文件格式是运动图像压缩算法的国际标准，MPEG 标准包括 MPEG 视频、MPEG 音频和 MPEG 系统（视频、音频同步）三个部分，前面介绍的 mp3 音频文件就是 MPEG 音频的一个典型应用。MPEG 压缩标准是针对运动图像而设计的，其基本方法是在单位时间内采集并保存第一帧信息，然后只存储其余帧相对第一帧发生变化的部分，从而达到压缩的目的。它主要采用两个基本压缩技术：运动补偿技术实现时间上的压缩，变换域压缩技术则实现空间上的压缩。MPEG 的平均压缩比为 50：1，最高可达 200：1，压缩效率非常高，同时图像和音响的质量也不错。

MPEG 的制定者原打算开发四个版本，即 MPEG1 ~ MPEC4，以适用于不同带宽和数字影像质量的要求。后由于 MPEG3 被放弃，所以现存的只有三个版本：MPEG-1、MPEG-2、MPEG-4。VCD 使用 MPEG-1 标准制作；DVD 使用 MPEG-2；MPEG-4 标准主要应用于视像电话、视像电子邮件和电子新闻等，其压缩比例更高，所以对网络的传输速率要求相对较低。

4.RM 文件（.rm）

RM（Real Media 的缩写）是 Real Networks 公司开发的视频文件格式，也是出现最早的视频流格式。它可以是一个离散的单个文件，也可以是一个视频流，它在压缩方面做得非常出色，生成的文件非常小，它已成为网上直播的通用格式，并且这种技术已相当成熟。所以 Real Networks 公司在有微软那样强大的对手面前，并没有迅速倒去，直到现在依然占有视频直播的主导地位。

5.MOV 文件（.mov）

这是著名的 Apple（美国苹果公司）开发的一种视频格式，默认的播放器是苹果的 Quicktime Player，几乎所有的操作系统都支持 Quicktime 的 MOV 格式，现在已经是数字媒体事实上的工业标准，多用于专业领域。

（二）动画文件

动画是活动的画面，实质是一幅幅静态图像的连续播放。动画的连续播放既指时间上的连续，也指图像内容上的连续。计算机设计动画有两种：一种是帧动画，一种是造型动画。

1.GIF 动画文件（.gif）

GIF 是图形交换格式（Graphics Interchange Format）的缩写，是由 Compuserve 公司于 1957 推出的一种高压缩比的彩色图像文件格式，主要用于图像文件的网络传输。考虑到网络传输中的实际情况，GIF 图像格式除了一般的逐行显示方式外，还增加了渐显方式，也就是说，在图像传输过程中，用户可以先看到图像的大致轮廓，然后随着传输过程的继续而逐渐看清图像的细节部分，从而适应了用户的观赏心理。最初，GIF 只是用来存储单幅静止图像，后又进一步发展为可以同时存储若干幅静止图像并进而形成连续的动画。目前，Internet 上的动画文件多为这种格式的 GIF 文件。

2.Flic 文件（.fli、.flec）

Flic 文件是 Autodesk 公司在其出品的 2D、3D 动画制作软件中采用的动画文件格式。其中 .fli 是最初的基于 320×200 分辨率的动画文件格式，而 .flic 则是 .flic 的扩展，采用了更高效的数据压缩技术，其分辨率也不再局限于 320×200。Flic 文件采用行程长度压缩编码（RLE：Run-Length Encoded）算法和 Delta 算法进行无损的数据压缩，首先压缩并保存整个动画系列中的第一幅图像，然后逐帧计算前后两幅图像的差异或改变部分，并对这部分数据进行 RLE 压缩，由于动画序列中前后相邻图像的差别不大，因此可以得到相当高的数据压缩率。

3.SWF 文件（.f1a）

SWF 是基于 Macromedia 公司 Shockwave 技术的流式动画格式，是用 Flash 软件制作的一种格式，源文件为 a 格式，由于其体积小、功能强、交互能力好、支持多个层和时间线程等特点，故越来越多地应用到网络动画中。SWF 文件是 Flash 的其中一种发布格式，已广泛用于 Internet 上，客户端浏览器安装 Shockwave 插件即可播放。

（三）图形图像文件格式

图形（Graphics）一般指用计算机绘制的画面，如直线、圆、圆弧、矩形、任意曲线和图表等。图形的格式是一组描述点、线、面等几何图形的大小、形状及其位置、维数的指令集合。在图形文件中，只记录生成图的算法和图上的某些特征点，因此也称矢量图。

微机上常用的矢量图形文件有 .3DS（用于 3D 造型）、.DXF（用于 CAD）、.WMF（用于桌面出版）等。由于图形只保存算法和特征点，因此占用的存储空间很小，但显示时需经过重新计算，因而显示速度相对慢些。

图像（Image）是指由输入设备捕捉的实际场景画面，或以数字化形式存储的任意画面。静止的图像是一个矩阵，阵列中的各项数字用来描述构成图像的各个点（称为像素点 pixel）的强度与颜色等信息，这种图像也称为位图（bit-mapped picture）。

1.BMP 文件（.bmp）

BMP（Bitmap）是微软公司为其 Windows 环境设置的标准图像格式，该格式图像文件的色彩极其丰富，根据需要，可选择图像数据是否采用压缩形式存放，一般情况下，bmp 格式的图像是非压缩格式，故文件尺寸比较大。

2.PCX 文件（.pcx）

PCX 格式最早由 ZSOFT 公司推出，在 20 世纪 50 年代初授权给微软与其产品捆绑发行，而后转变为 Microsoft Paintbrush，并成为 Windows 的一部分。虽然使用这种格式的人在减少，但带有 .pcx 扩展名的文件现在仍十分常见。它的特点是采用 RLE 压缩方式存储数据，图像显示与计算机硬件设备的显示模式有关。

3.TIFF 文件（.tif）

TIFF 是 Tag Image File Format 的缩写。该格式图像文件可以在许多不同的平台和应用软件间交换信息，其应用相当广泛。TIFF 格式图像文件的特点是：支持从单色模式到 32bit 真彩色模式的所有图像；数据结构是可变的，文件具有可改写性，可向文件中写入相关信息；具有多种数据压缩存储方式，使解压缩过程变得复杂化。

4.GIF 文件（.gif）

gif 格式的图像文件是世界通用的图像格式，是一种压缩的 5 位图像文件。正因为它是经过压缩的，而且是 5 位的，所以这种格式是网络传输和 BBS 用户使用最频繁的文件格式，速度要比传输其他格式的图像文件快得多。

5.PNG 文件（.png）

PNG 是 Portable Network Graphics 的缩写，是作为 gif 的替代品开发的，能够避免使用 GIF 文件所遇到的常见问题。它从 GIF 那里继承了许多特征，而且支持真彩色图像。

6.JPEG 文件（Jjpg）

JPEG 格式的图像文件具有迄今为止最为复杂的文件结构和编码方式，和其他格式的最大区别是 JPEG 使用一种有损压缩算法，是以牺牲一部分的图像数据来达到较高的压缩率，但是这种损失很小，以至于很难察觉，印刷时不宜使用此格式。

7.PSD、PDD 文件（.psd、.pdd）

PSD、PDD 是 Photoshop 专用的图像文件格式。

8.EPS 文件（.eps）

CorelDRAW、Freehand 等软件均支持 EPS 格式，它属于矢量图格式，输出质量非常高，可用于绘图和排版。

9.TGA 文件（.tga）

TGA（Targa）是由 Truevision 公司设计，可支持任意大小的图像。专业图形用户经常使用 TGA 点阵格式保存具有真实感的三维有光源图像。

第三节 计算机数据库的安全性

一、数据库系统简介

（一）基本概念

1. 数据

描述事务的符号记录。可用文字、图形等多种形式表示，经数字化处理后可存入计算机。

2. 数据库（DB）

按一定的数据模型组织、描述和存储在计算机内的、有组织的、可共享的数据集合。

3. 数据库管理系统（DBMS）

位于用户和操作系统之间的一层数据管理软件。主要功能包括：数据定义功能、DBMS 提供 DDL，用户通过它定义数据对象。

4. 数据操纵功能

DBMS 提供 DML，用户通过它实现对数据库的查询、插入、删除和修改等操作。

5. 数据库的运行管理

DBMS 对数据库的建立、运用和维护进行统一管理、统一控制，以保证数据的安全性、完整性、并发控制及故障恢复。

6. 数据库的建立和维护功能

数据库初始数据的输入、转换，数据库的转储、恢复、重新组织及性能监视与分析等。

7. 数据库系统（DBS）

计算机中引入数据库后的系统，包括数据库（DB）、数据库管理系统（DBMS）、应用系统数据库管理员（DBA）和用户。

8. 数据类型

所允许的数据的类型。每个表列都有相应的数据类型,它限制(或允许)该列中存储的数据。数据类型限定了可存储在列中的数据种类(例如,防止在数值字段中录入字符值)。数据类型还帮助正确地分类数据,并在优化磁盘使用方面起重要的作用。因此,在创建表时必须特别关注所用的数据类型。

注意:数据类型兼容。数据类型及其名称是SQL不兼容的一个主要原因。虽然大多数基本数据类型得到了一致的支持,但许多高级的数据类型却没有。更糟的是,偶尔会有相同的数据类型在不同的DBMS中具有不同的名称。对此用户毫无办法,重要的是在创建表结构时要记住这些差异。

9. 表

在向文件柜里放资料时,并不是随便将它们扔进某个抽屉就可以了,而是在文件柜中创建文件,然后将相关的资料放入特定的文件中。在数据库领域中,这种文件称为表。表是一种结构化的文件,可用来存储某种特定类型的数据。表可以保存顾客清单、产品目录,或者其他信息清单。表(table)是某种特定类型数据的结构化清单。

这里的关键一点在于,存储在表中的数据是同一种类型的数据或清单。绝不能将顾客的清单与订单的清单存储在同一个数据库表中,否则以后的检索和访问会很困难。应该创建两个表,每个清单一个表。数据库中的每个表都有一个名字来标识自己。这个名字是唯一的,即数据库中没有其他表具有相同的名字。

说明:表名。使表名成为唯一的,实际上是数据库名和表名等的组合。有的数据库还使用数据库拥有者的名字作为唯一名的一部分。也就是说,虽然在相同数据库中不能两次使用相同的表名,但在不同的数据库中完全可以使用相同的表名。

表具有一些特性,这些特性定义了数据在表中如何存储,包含存储什么样的数据,数据如何分解,各部分信息如何命名等。描述表的这组信息就是所谓的模式(schema),模式可以用来描述数据库中特定的表,也可以用来描述整个数据库(和其中表的关系)。

10. 列(column)

表中的一个字段。所有表都是由一个或多个列组成的。理解列的最好办法是将数据库表想象为一个网格，就像个电子表格那样。网格中每一列存储着某种特定的信息。例如，在顾客表中，一列存储顾客编号，另一列存储顾客姓名，而地址、城市、州及邮政编码全都存储在各自的列中。提示：分解数据。正确地将数据分解为多个列极为重要。例如，城市、州、邮政编码应该总是彼此独立的列。通过分解这些数据，才有可能利用特定的列对数据进行分类和过滤（如找出特定州或特定城市的所有顾客）。如果城市和州组合在一个列中，则按州进行分类或过滤就会很困难。你可以根据自己的具体需求来决定把数据分解到何种程度。例如，一般可以把门牌号和街道名一起存储在地址里。这没有问题，除非你哪天想用街道名来排序，这时，最好将门牌号和街道名分开。数据库中每个列都有相应的数据类型。数据类型（datatype）定义了列可以存储哪些数据种类。例如，如果列中存储的是数字（或许是订单中的物品数），则相应的数据类型应该为数值类型。如果列中存储的是日期、文本、注释、金额等，则应该规定好恰当的数据类型。

（二）信息、数据及数据的特征

信息，指音讯、消息、通信系统传输和处理的对象，泛指人类社会传播的一切内容。数据是指用于表达信息的物理符号。信息的表达形式多种多样，但数据是其最精准的表达形式。虽然很多情况下人们容易将"信息"和"数据"混淆，但严格来讲，数据是可以书写记录与储存的，而信息不能，所以两者不能混为一谈。数据作为信息世界独立出的概念具有以下几个特点：

1. 型与值

数据的型是指数据的属性，类似一张表格的表头，而数据的值类似表格中的具体取值，数据结构则是指数据的型、值及数据内部之间的联系。例如："教师职工"的数据由"职工号""姓名""性别""年龄""所属院系"等属性构成，其中"教师职工"为数据，"职工号""姓名""性别""年龄""所属院系"为属性名；"课程"作为数据，由"课程标号""课程名称""课时"等属性组成；"教师职工"与"课程"之间有授课的联系。"教师职工"与"课程"两个数据的内部构成及其之间的联系就是教师职工课程数据的类型，而如"062139，李四，女，30，计算机科学与技术系"就为教师职工的一个数据值。

2. 数据的类型约束和取值约束

数据类型适用于区分运用不同场合时所使用数据的类型分类，也是数据必备的属性之一，选用数据类型存储数据是数据库存储中非常重要的一项工作，称为数据的类型约束。常用的数据类型有字符串型、数值型、逻辑型、日期型等。最常用的为字符串型数据类型可以用于表达名称、地点、电话等一切人们日常用自然语言表达的信息，字符串类型数据可以对子串进行查询、链接，以及取子串等操作。数据类型指算术数据，对其可进行的操纵有加、减、乘、除及取余等。逻辑型数据是用于表达逻辑运算的数据，基本的包括与、或、非算数逻辑运算。日期类型用于表达生活日期数据。

数据的取值范围称为取值约束，如年龄的取值范围一般为 0 至 150。设置数据取值范围是保证数据不出错的一项重要手段。

3. 数据的定性与定量

数据的定性分析用来描述数据所对应数据类型的程度，如大小、多少、长短等，具有含糊、抽象的特点，一般不被计算机数据存储所使用。数据的定量分析则是对数据项的精准描述，在程序设计数据库时，多用数据的定量描述。

4. 数据的多种载体性

数据具有各种各样的表现形式，例如对于记录在计算机存储器中的数据，计算机的内外存便是它的载体；对于一本参考文献，纸张便是它的载体。综上，数据的载体具有多种多样性，即数据的表现形式多种多样。

（三）数据库系统的体系结构组成

数据库系统大体上可分为硬件、软件和数据管理员三部分，硬件包括计算机硬件系统。软件包括数据库和相关操作软件，如数据库管理系统和应用程序系统。下面我们就从这三部分入手，逐一讲解数据库系统体系结构。

1. 数据库系统的硬件设备

由于数据库系统所涉及数据量庞大，数据结构复杂，所以我们要求硬件设备必须可以及时并迅速地对数据进行相应处理，那么在进行硬件设计时就应注意以下几个问题：

首先，计算机应有足够大的内存。数据库系统对于计算机内存的要求都有其限制，数据库的软件构成如 DBMS、相关应用程序都需对一定的工作内存做支撑，大的内存可以建立大的工作项目或数据缓冲区，其运行效率也就越高，如果计算机的内存达不到数据库系统的下限，那将会影响数据库系统的正常工作，所以计算机硬件内存必须足够大。

其次，计算机也应有足够大的外存。由于较大计算机工程的数据文件或程序文件需要较大的外存空间存储，另外，从操作系统的角度而言，不经常用到的程序或数据都将存放在以硬盘为首的外存中，一个足够大的计算机外存也是一个性能优良的数据库系统的必要条件，而且大的硬盘容量会加快数据的存储速度，所以大容量硬盘也是硬件设备的一大关键。

最后，计算机的数据传输速度应尽可能地快。这就涉及计算机 CPU 的性能，由于数据库的数据传输量庞大却操作简单，那么性能优良的 CPU 则是高速 I/O 传输的基础，也是提升整体数据库系统效率的关键。

2. 数据库系统的软件组成

数据库系统软件包括操作系统、数据库管理系统、编译系统、应用程序软件和用户数据库。

下面对这几种软件系统进行简单描述。操作系统是所有计算机软件系统的基础，在数据库系统中也起着支撑 DBMS 及编译系统的作用。数据库管理系统，即 DBMS，是为定义、建立、维护、控制及使用数据库而提供的有关数据管理的系统软件。主语言系统也是搭配 DBMS 方便数据库操作员进行系统编译的软件系统，它的存在给数据库操作员带来了极大的便利，拓宽了数据库系统的应用领域，使其可以发挥更大的作用。应用程序软件则是 DBMS 为数据库操作员提供的方便高效开发数据库功能的软件工具。数据库应用系统则是包括为特定应用程序所建立的数据库及各种应用程序，数据库操作员通过对其操作可以实现对数据库中的数据进行查询、管理和维护操作。

3. 数据库系统的人员组成

数据库系统的人员组成包括软件编程人员、软件应用人员和软件管理员。负责开发设计软件的人员称为软件编程人员，其工作包括对软件系统的设计分析。软件应用人员即使用软件的终端用户，他们利用已开发成的软件功能来对软件操作。DBA（Data Base Administrator）即数据库管理员，主要负责对系统及数据的全面管理和维护。

二、关系数据库、数据库完整性

（一）关系数据库

层次、网状数据库是面向专业人员的，使用很不方便。程序员必须经过良好的培训，对所使用的系统有深入的了解才能用好系统。关系数据库就是要解决这一问题，使它成为面向用户的系统。关系数据库是应用数学方法来处理数据的。它具有结构简单、理论基础坚实、数据独立性高和提供非过程性语言等优点。关系系统基于正规的关系基础或理论，即关系数据模型。

1. 关系的数学定义

①域（Domain）值的集合它们具有相同的数据类型，语义上通常指某一对象的取值范围。例如：全体整数，0 到 100 之间的整数，长度不超过 10 的字符串集合。

②笛卡尔积（Cartesian Product）

设 D1、D2、…，Dn 是 n 个域，则它们的笛卡尔积为 D1，D2…Dn={（d1，d2，…，dn）diDi，i=1，2，…，n}。其中每一个元素称为一个 n 元组（n-tuple），简称元组；元组中的每个值di 称为一个分量（component）。

③关系（Relation）

笛卡尔积 D1，D2，…，Dn 的子集合记作 R（D1，D2，…，Dn），其中 D1，D2，…为关系，n 为关系的目或度。

说明：关系是一个二维表。每行对应一个元组。每列可起一个名字，称为属性。属性的取值范围为一个域，元组中的一个属性值是一个分量。

关系的性质：列是同质的，即每列中的数据必须来自同一个域，每一列必须是不可再分的数据项（不允许表中套表，即满足第一范式），不能有相同的行，行、列次序无关。

2. 关系系统

直观地说，关系系统是这样的系统：

①结构化方面。数据库中的数据对用户来说是表，并且只是表；

②完整性方面。数据库中的这些表满足一定的完整性约束；

③操纵性方面。用户可以使用用于表操作的操作符。例如，为了检索数据，需要使用从一个表导出另一个表的操作符。其中，选择、投影和连接这三种尤为重要。

下面给出操作的定义：

①选择操作是从表中提取特定的几行。

②投影操作是从表中提取特定的几列。

③连接操作是根据某一列的值将两个表连接起来。

以上三个例子中，最后一个关于连接的例子需要进一步解释。首先，观察到 DEPT 和 EMP 两个表都有一个共同的列 DEPT#，因此它们可以根据这一列的相同值连接起来。当且仅当两个表中对应行的 DEPT# 值相同时，DEPT 的一行才能连接 EMP 表中对应的一行（产生结果表的一行）。

此外，在 ANSI/SPRARC 中，前述的逻辑结构一词意味着包含概念模式和外模式。关键是概念模式和外模式都是有关系的，而物理模式和内模式不是。关系理论与内模式毫无关系，它只是考虑怎样的数据库可以呈现给用户。关系系统唯一的要求是无论选择什么物理结构，一定要全部实现其逻辑结构。

其次，关系数据库遵守一条非常好的原则，即信息原则。数据库全部的信息内容有一种表示方式而且只有一种，也就是表中的行列位置有明确的值。这种表示是关系系统中唯一可行的方式（当然，在逻辑层）。特别地，没有连接一个表到另一个表的指针。例如，表 DEPT 中的 D1 行和表 EMP 的 E1 行有联系，因为雇员 E1 在部门 D1 工作；但是这种联系不是通过指针来表示的，而是通过表 EMP 的 E1 行中 DEPT# 列位置的值为 D1 来联系的。相反地，在非关系系统中，这些信息典型的由指针来表示，这种指针对用户来说是可见的。注意：当指出关系数据库中没有指针时，并不是指在物理层没有指针——正好相反，关系数据库在物理层使用指针，但在关系系统中所有物理存储的细节对用户来说都是不可见的。对关系模型的结构和操纵方面就提这些：现在来看完整性方面。事实上，可以要求数据库满足任何条件的完整性约束。如，雇员工资必须在 25 ~ 95K 的范围，部门预算在 1 ~ 15M，等等。某些约束在应用上非常重要，它们喜欢用特定的术语。如：

① DEPT 表中每一行的 DEPT# 必须是唯一的；同时，EMP 表中每一行 EMP# 的值必须唯一。DEPT 表中的 DEPT# 列和 EMP 表中的 EMP# 列都是它们各自表的主码。

② EMP 表中的每个 DEPT# 的值必须在 DEPT 表中有相同的 DEPT# 值，

以反映每个雇员必须安排在现有的部门中。即 EMP 表中的 DEPT# 列是外码，参照了 DEPT 表的主码。现在定义关系模型，以便后面参照（尽管该定义十分抽象，且此时非常难理解）。简而言之，关系模型包括下列五部分：

a. 一个可扩展的标量类型的集合（尤其包括布尔型或真值型）；

b. 关系类型生成器和对应这些关系类型的解释器；

遗憾的是，目前大多数的 SQL 产品不能恰当地支持这方面的理论。更准确地说，只支持相当有限的概念模式/内模式之间的映象（典型的将一个逻辑表直接映射到一个存储文件）。结果，几乎不能提供关系技术理论上所能达到的数据物理独立性。

c. 实用程序，用于定义生成关系类型的关系变量；

d. 向关系变量赋关系值的关系赋值操作；

e. 从其他关系值中产生关系值的、可扩充的关系操作符集合。关系模型要比"表加上选择、投影和连接"多得多，尽管关系模型常常以此为特征。注意：你可能会惊讶于没有对完整性约束进行明确的定义。事实上这些约束表示的只是关系操作符的应用之一，即这些约束是由操作符来表达的。

（二）数据模型的三要素

数据模型的三要素分别为数据结构、数据操作和数据完整性约束条件。

1. 数据结构

数据对象类型的集合成为数据结构，这些对象包含数据内容和数据关系两类。数据库系统根据数据模型分别将其命名为层次模型、网状模型和关系模型。单一的数据结构：关系（二维表）不论是实体还是实体间的联系都用关系表示。实体值是关系的元组，在关系数据库中通常称为记录。属性值是元组的分量，在关系数据库中通常称为字段。

关键字（码）：唯一标识一个元组的属性组。关键字可以有多个，统称候选关键字。在使用时，通常选定一个作为主关键字。主关键字的主属性称为主属性，其他为非主属性。

2. 数据操作

数据操作是指数据库系统对其数据进行的一系列例如增删改查的数据操作。数据库将这些操作分为数据检索和数据更新两大类。这些操作必须先在数据库中进行定义才可使用，并指明每类数据操作用途、意义和操作对象。

数据操作的种类：选择、投影、连接、除、并、交、差、增加、删除、修改。

非过程化语言：用户只需告诉做什么（What），不需告诉怎么做（How），数据定义、数据操纵、数据控制语言集成在一起。

3. 数据约束条件

数据约束条件是为了保证数据库数据的完整性和一致性而人为规定的数据库定义规则的集合，其主要是指数据库模型中数据及数据操作的制约和已存规则。不同的数据模型具有不同的数据约束条件，以满足应用程序要求。

在数据库应用科学领域中，数据模型种类最常用到的数据模型有三种，分别是层次模型、网状模型和关系模型。前两者与关系模型对应成为非关系模型，而非关系模型主要流行应用于 20 世纪，当前，数据库大多使用关系模型。

（三）关系模型

关系模型是三种数据模型中最常用也最重要的一种数据模型。关系数据库系统采用关系模型作为数据组织方式，成了现在数据库开发模式的主流。

1. 关系模型的数据结构

首先我们来掌握些关系模型中的术语。关系，一个关系对用一张二维表。

元祖，即二维表中的一行。属性，即二维表中的一列。主码，即表中的某个可以唯一确定一个元祖的属性。域，即属性的取值范围。分量，即元祖中的一个属性值。关系模式，对关系的描述，其一般格式是：关系名（属性 1，属性 2，…）。

2. 关系模型中的关系操作

关系模型中的操作主要包含数据查询、数据插入、数据修改和数据删除。值得注意的是，在数据操作中形成的原始数据、中间数据还有结果数据都是由若干元祖的集合组成的，而不是单个记录。数据库管理员在对数据进行操作时，只需要使用目的性数据操作语句即可实现数据操作，由此可以看出关系数据库的操作语言是非过程语言。如此，就可以大大提高数据操作员的工作效率。

（四）关系模型的存储结构

对于存储结构的物理层面而言，关系模型中的关系是以文件形式存储的。小型关系数据库系统采用利用操作系统文件的方式实现关系存储，即一个关系对应一个文件。为了提高效率，他们还采用自己独立设计的文件结构进行存储，更有效地保证了数据的安全性和有效性。

（五）数据库完整性

数据库的完整性是指数据的正确性和相容性，其约束条件包含实体完整性、参照完整性和用户定义完整性三种。

1. 实体完整性

关系数据模型的实体完整性约束的规定为：若属性 1 是基本属性 2 的主属性，则属性 1 的值不能为空。在运用实体完整性约束数据库定义条件时应注意以下几点：首先，实体完整性应保证实体的唯一性。实体完整性是对基本表而言的，所以主属性必须不能为空来保证实体的唯一性；其次，实体完整性需保证实体的可区分性，属性值可以为空值但不能为空，也就是可以用 NUL 表示，空值说明此属性值未知，而空格值表示此属性为空，不可区分实体，不符合现实实际情况。

关系模型的实体完整性在 SQL 语言 CREATE TABLE 中用 RRIMARY KEY 定义。对单属性构成的码有两种说明方法，一种是定义为列级约束条件，另一种是定义为表级约束条件。对多个属性构成的码只有一种说明方法，即定义为表级约束条件。

当用 RRIMARY KEY 短语定义了关系的主码后，每当用户对数据库进行基本数据操作时，RDBMS 就会进行检查，主要包括检查主码值是否唯一和主码的各个属性是否为空，如果不唯一则拒绝进行插入和修改操作，或只要有一个为空则拒绝插入和修改操作。

2. 参照完整性

参照完整性的规则是：若属性 F 是基本关系 R 的外码，它也与基本关系 S 的主码 K 相对应，则对于关系 R 中每个元组在 F 上的值必须去空值或者等于 S 中某个元组的主码值。

关系模型中的参照完整性在 SQL 语言 CREATE TABLE 中用 FOREIGN KEY 定义哪些列为外码，用 REFERENCES 短语指明这些外码参照哪些表的主码。

当用户对数据库进行插入元组或修改属性等数据操作时，RDBMS 就会检查属性上的约束条件是否被满足，如果不满足则拒绝执行数据操作。

如：学生关系（SNO，SNAME，AGE，SEX）

课程关系（CNO，CNAME）

选课关系（SNO，CNO，G）

3. 用户定义完整性

用户定义完整性就是针对某一具体应用的数据必须满足的语义要求。目前 RDBMS 都提供了定义和检测这类完整性的机制，使用和实体完整性和参照完整性相同的技术处理它们，而不必用应用程序来处理。

（六）数据独立性

数据独立性包括两个方面：物理独立性和逻辑独立性。首先讨论数据的物理独立性。在未进一步说明之前，"数据独立性"应该理解为数据的物理独立性。要理解数据独立性的含义，最好的方法是搞清什么是非数据独立性。在旧的系统中关系系统之前的和数据库系统之前的系统，实现的应用程序常常是数据依赖的。这也就意味着，在二级存储中，数据的物理表示方式和有关的存取技术都是应用设计中要考虑的，而且，有关物理表示的知识和访问技术直接体现在应用程序的代码中。

例子：假定有一个应用程序使用了雇员文件，还假定文件在雇员姓名字段进行索引。在旧的系统中，该应用程序肯定知道存在索引，也知道记录顺序是根据索引定的，应用程序的内部结构是基于这些知识而设计的。特别地，各种数据访问的准确形式和应用程序的异常检验程序都在很大程度上依赖于数据管理软件提供给应用程序的接口细节。

我们称这个例子中的应用程序是数据依赖的，因为一旦改变数据的物理表示就会对应用程序产生非常强的影响。例如，用哈希算法来对例子重建索引后，对应用程序不做大的修改是不可能的。而且，这种情况下应用程序修改的部分恰恰是与数据管理软件密切联系的部分。这其中的困难与应用程序最初所要解决的问题毫不相关，而是由数据管理接口的特点所引起的。下载数据库系统，应尽可能避免应用程序依赖于数据的情况。这至少有以下两条原因：

1. 不同的应用程序对相同的数据会从不同角度来看

例如，假定在企业建立统一的数据库之前有两个应用程序 A 和 B。每一个都拥有包括客户余额的专有文件。假定 A 是以十进制存储的，而 B 是以二进制存储的。这时有可能要消除冗余，并把两文件统一起来。条件是 DBMS 可以而且能够执行以下必要的转换，即存储格式（可能是十进制或二进制或者其他的）和每个应用程序所采用的格式之间的转换。

例如，如果决定以十进制存储数据，每次对 B 的访问都要转换成二进制。这是个非常细小的例子，数据库系统中应用程序所看到的数据和物理存储的数据之间可能是不同类型的。

2. DBA 必须有权改变物理表示和访问技术以适应变化的需要，而不必改变现有的应用程序

例如，新类型的数据可能加入数据库中；有可能采纳新的标准；应用程序的优先级（因此相关的执行需求）可能改变；系统要添加新的存储设备，等等。如果应用程序是数据依赖的，这些改变会要求程序做相应的改变，这种维护的代价无异于创建一个新的应用。类似的情况甚至在今天都并不少见，如典型的 Y2K 问题，这对充分利用稀缺宝贵的资源是极其不利的。

总之，数据独立性的提出主要是数据库系统的客观要求。数据独立性可以定义成应用程序不会因物理表示和访问技术的改变而改变。当然，这意味着应用程序不应依赖于任何特定的物理表示和访问技术。我们先讨论一下发生改变的具体情况，即 DBA 通常都有哪些改变上的要求，进而使应用程序尽量免受这方面的影响。首先给出三个术语：存储字段、存储记录和存储文件。

存储字段就是存储数据的最小单位。数据库中对每一种类型的存储字段都包含许多具体值（或实例）。例如，包含不同类型零件信息的数据库可能包括称为零件数目的存储字段类型，那么对每种零件（如螺丝钉、铰链、盖子等），即有一个该存储字段的具体值。注意：实际中，通常不再明确指出是类型还是值，而是依据上下文来确定其含义。尽管有可能带来一些混淆，但实际中是方便的。

存储记录是相关的存储字段的集合。我们仍区分类型与值。一条存储记录的值由一组相关的存储字段的值组成。

存储文件是由现存的一种类型的存储记录的值组成。注意：为简单起见，假定任一存储文件值包含一种类型存储记录。这种简化并不影响下面论述。

现在，在非数据库系统中，常常是应用程序所处理的任一逻辑记录都是和相应的存储记录相同的。然而，我们已经看到，在数据库系统中这种情况是不必要的，因为DBA可能需要对存储的数据表示进行改变，即对存储字段、存储记录和存储文件——可是从应用程序的角度看数据还是不变的。在一次访问中出现某字段的数据类型变化的情况相对较少。但是，应用程序中的数据和实际所存储的数据之间的差异会相当大。每种情况都应该考虑DBMS应怎么做才能使应用程序保持不变（即是否可以达到数据独立性）。

3. 数字数据的表示

一个数字字段可能存成内部算术形式，或作为一个字符串。对每一种方式，DBA必须选择恰当的数制（例如，二进制或十进制）、范围（固定的或浮点）、方式（实数或复数），以及精度（小数的位数）。任一方面都可能需要改变以提高执行效率或符合某一新标准，或因其他原因而改变。

4. 字符数据的表示

一个字符串字段可能使用了几个不同编码的字符集中的一种。如ASCI、EBCDIC和Unicodeo。

5. 数字数据的单位

数字字段的单位会改变。例如，在实施公制度量的处理中从英寸转成厘米。

6. 数据编码

有时以编码的形式来表示物理存储的数据是非常好的。例如，零件颜色字段，在应用程序中看作字符串（"红""蓝"或"绿"），存储时可以存成单个十进制数字，可根据1="红"，2="蓝"，这样的编码模式来解释。

7. 数据具体化

实际中由应用程序所看到的逻辑字段经常与特定的存储字段相联系（尽管它们会在数据类型、编码等方面都不相同）。在这种情况下，数据实例化的处理——也就是，从相应的存储字段的值构建逻辑字段的值，并提供应用程序——可以说是直截了当的。但是，有时一个逻辑字段可能没有对应的存储值，它的值可以通过根据一些存储字段的值进行计算来具体化。例如，逻辑字段"总量"的值可以通过对各个单个存储数量汇总而得到。这里的总量是个虚字段的例子，具体化的过程是间接的。注意，用户也会看到实字段与虚字段的不同，因为虚字段的值是不能更新的（至少，不能直接地更新）。

8. 存储记录的结构

两个存储记录可以合成一个。例如，存储记录的形式。当把现有的应用程序集成到数据库系统时会经常发生这种改变。这也暗示应用程序的逻辑记录由相应存储记录的恰当子集组成。也就是说，存储记录中某些字段对应用程序来说是不可见的。另一种情况是单个的存储记录被分成两个。

9. 存储文件的结构

指定的存储文件可以以各种方式实现其存储。例如，它可以完全存储在单个的存储设备上（如单个磁盘），或者存储在几个设备（可能在几个不同设备类型）上；可能根据一些存储字段的值按一定物理顺序来存储，或无序存储；存储顺序可能按某一种或某几种方式进行，例如，通过一个或多个索引，一个或多个嵌入的指针链，或者两者兼有；通过哈希算法可能访问到也可能访问不到；存储记录可能物理上被分块，也可能没有；如此等等。但是上述任何考虑都不会以任何方式影响应用程序（当然性能除外）。

以上所列基本概括了可能的存储数据形式的改变。这意味着数据库应该能够增长而并不削弱现存的应用程序的功能：的确，在保证数据库增长的同时而不削弱应用程序的功能，是提出数据独立性的重要原因之一。例如，必须有办法通过增加新的存储字段来扩展现有的存储记录，如对现存的实体类型的进一步追加信息（如，"单价"字段可能会加入零件的存储记录中）。这样新的字段对原应用程序来说应是不可见的。同时，还可能增加全新的存储记录类型（这样就有新的存储文件），而这不会引起应用程序的改变。这样的记录代表新的实体类型（如，一个"供应商"记录类型可以加到"零件"的数据库中）。而且这些增加对应用程序来说也应是不可见的。至此，大家应清楚把数据模型从其实现中分离出来的原因之一就是数据独立性的要求。在某种程度上，不做这种分离，就得不到数据的独立性。

在目前不能正确做到这种分离的情况很严重，尤其是当今的 SQL 系统都做不到这一点，实在让人沮丧。注意，这并不意味着当今的 SQL 系统根本不支持数据的独立性，只是它们提供的要远远少于关系系统理论上要求达到的。换句话说，数据独立性不是绝对的（不同系统可提供不同程度的数据独立性，很少有系统根本不提供的）。

三、数据库安全性控制机制

数据库的安全性和计算机系统的安全性紧密相连，因此，在计算机系统中，对数据库的安全性措施是一级一级层层设置的。

操作系统 OS（Operating System）一级也会有自己的保护措施。数据最后还可以以密码形式存储到数据库中。操作系统一级的安全保护措施可以参考操作系统的有关书籍，这里不再详叙。另外，对于强力逼迫透露口令、盗窃物理存储设备等行为而采取的保安措施，如出入机房登记、加锁等，也不在讨论之列。

在数据库的安全性控制机制中，常用的方法有身份标识与鉴别、存取控制、视图机制、审计和数据加密等方法。

（一）用户身份标识与鉴别

用户身份标识与鉴别（Identification&.Authentication）是计算机系统提供的最外层的安全保护措施。其方法是由系统提供一定的方式让用户标识自己的名字或身份。每次用户要求进入系统时，由系统进行核对，通过鉴定后才能提供机器使用权。

通常采用以下三种方法。

1. 使用用户名和口令

这种方法简单易行，但容易被人盗取，一般包括以下两种：

①用户名认证。系统将输入的用户名与合法用户名进行对照，来鉴别该用户是否为合法用户。

②口令认证（Password Identification）。口令由用户定义，是合法用户自己定义的密码，记录在数据库中，可以被合法用户随时变更。

2. 随机数运算认证

这是一种非固定口令的认证，即每个用户预先约定一个计算过程或函数，系统提供一个随机数，用户根据自己预先约定的计算过程或函数进行计算，然后系统通过判断用户计算结果是否正确来鉴定用户的身份。

3. 个人信息验证

这是一种使用密码字的身份鉴别技术，常采用磁卡、指纹、视网膜、声波、人脸识别等方法进行身份验证。

（二）存取控制

数据库安全性所关心的主要是 DBMS 的存取控制机制。在数据库的安全性中，存取控制可以确保具有数据库使用权的合法用户访问数据库，同时令未授权的人员无法接近数据库。

具体来说，存取控制机制主要包含两个部分。

1. 定义用户权限，并将用户权限登记到数据字典中

用户对某一数据对象的操作权力，称为权限。某个用户应该具有何种权限是个管理问题和政策问题而不是技术问题。DBMS 的功能能够保证这些决定的执行。

2. 合法权限检查

每当在用户提出存取数据库的操作请求后，系统根据安全规则进行合法权限检查，若用户的操作请求超出了定义的权限，系统将拒绝执行此操作。

其中，用户权限是指不同用户对不同的数据对象允许执行的操作权限。这些操作权限经系统定义并编译之后放在数据字典中，称安全规则或授权。

在存取控制机制中，主要有自主存取控制和强制存取控制两种类型。

（1）自主存取控制（DAC）

这是一种非常灵活的存取控制方法。用户对不同的数据对象有不同的存取权限，不同的用户对同一对象也有不同的权限，而且用户可将其拥有的存取权限转授给其他用户。

用户权限由两个要素组成：数据对象和操作类型。定义一个用户的存取权限就是定义该用户可以在哪些数据对象上进行哪些类型的操作。在数据库系统中，定义存取权限称为授权，主要通过 GRANT（授权）语句和 REVOKE（回收权限）语句来实现。

自主存取控制是通过授权机制有效地控制其他用户对敏感数据的存取，但由于用户对数据的存取权限是自主的，用户可以自由地决定将数据的存取权限授予何人、决定是否也将授权的权限授予别人，而系统对此无法控制。在这种授权机制下，仍可能存在数据的无意泄露。究其原因，自主存取控制机制仅仅通过对数据的存取权限来进行安全控制，而数据本身并无安全性标记。解决这一问题的方法是，对系统控制下的所有主客体实施强制存取控制

机制。

（2）强制存取控制（MAC）

MAC 是指系统为保护更高程度的安全性，按照 TDI/TCSEC 标准中安全策略的要求，所以采取的强制存取检查手段。在强制存取控制方法中，每一个数据对象被标以一定的密级，每一个用户也被授予一定级别的许可证。对于任意一个数据对象，只有具有合法许可证的用户才可以进行存取操作。强制存取控制因此相对比较严格，适用于对数据有严格而固定密级分类的部门，如军事或政府部门。

在 MAC 中，系统将所有管理的实体分为主体和客体两大类。

①主体。主体是指数据库中数据访问者（用户或 DBA）进程、线程等，是系统中的活动实体。

②客体。客体是指数据库中数据及其载体（表、视图、索引、存储过程等），是系统中的被动实体。对于主体和客体，DBMS 为它们每个实例（值）指派一个敏感度标记。敏感度标记被分成若干级别，如绝密、机密、可信、公开等。主体的敏感度标记称为许可证级别。客体的敏感度标记称为密级。MAC 就是通过比较主体和客体的 Label 来确定主体是否能够存取客体。

当某一用户（或某一个主体）以标记 label 注册入系统时，系统要求他对任何客体的存取必须遵循如下规则：仅当主体的许可证级别大于或等于客体的密级时，该主体才能读取相应的客体；仅当主体的许可证级别等于客体的密级时，该主体才能写相应的客体。

这两条规则的共同点在于它们均禁止了拥有高许可证级别的主体更新低密级的数据对象，从而防止了敏感数据的泄露。

强制存取控制方法是对数据本身进行密级标记，不管数据如何复制，标记与数据都是一个不可分割的整体，只有符合密级标记要求的用户才可以存取数据，因此，MAC 提供了更高级别的安全性。

（三）视图机制

视图机制可以为不同的用户定义不同的视图，把数据对象限制在一定的范围内，也就是说，通过视图机制把要保密的数据对无权存取的用户隐藏起来，从而自动地对数据提供一定程度的安全保护。

视图机制实现数据库安全保护的基本思想是：首先通过定义用户视图，

屏蔽掉一部分需要对某些用户保密的数据；然后，在视图上定义存取权限，将对视图的访问权授予这些用户，并且不允许他们直接访问定义视图的基本表，从而自动地对数据提供一定程度的安全保护。

通过视图机制可以实现将用户的权限限定于基本表中的某些行或列上；将多个表连接起来，将用户的权限限定于连接结果的特定行上；将用户的权限限定于某些数据的聚合信息上。

（四）审计

审计是一种监视措施，它的任务是把用户对数据库的所有操作自动地记录下来，并放入审计日志中，系统一旦发生数据被非法存取的情况，数据库管理人员 DBA 就可以根据审计跟踪的信息，重现导致数据库现有状况的一系列事件，从而找出非法存取数据的人、时间和内容等。

审计常用于审查可疑的活动：监视和收集关于数据库活动的数据。

由于任何系统的安全保护措施都不可能无懈可击，蓄意盗窃、破坏数据的人总会想方设法打破控制，因此审计功能在维护数据安全、打击犯罪方面是非常有效的。审计通常会耗费一定的时间和空间，加大系统的开销，因此 DBA 要根据实际应用对安全性的要求，有选择性地打开或关闭审计功能。一般而言，审计多用于对安全性要求较高的部门。

（五）数据加密

对于高度敏感性数据，如财务数据、军事数据、国家机密，除以上安全性措施以外，还可以采用数据加密技术。

数据加密是指以密码的形式存储和传输数据库中的数据。数据加密的基本思想是根据一定的算法将原始数据（明文）变换为不可直接识别的格式（密文），从而使不知道解密算法的人无法获得数据的内容。

加密的方法，通常有两种：一是替换方法。该方法使用密钥将明文中的每一个字符转换为密文中的一个字符。二是置换方法。该方法仅将明文的字符按不同的顺序重新排列。

（六）Oracle 的安全机制

Oracle 是关系数据库的倡导者和先驱，是标准 SQL 数据库语言的产品。自 1979 年推出以来，它受到社会的广泛关注。Oracle 不断将先进的数据库技术融入其中，并极有预见性地领导着全球数据库技术的发展。

Oracle 在数据库管理，数据完整性检查、数据库查询性能及数据安全性方面都具有强大的功能，而且它还在保密机制、备份与恢复、空间管理、开放式连接及开发工具等方面提供了不同手段和方法。下面介绍 Oracle 数据库提供的安全机制。

Oracle 多用户的客户 / 服务器体系结构的数据库管理系统中的安全机制可以控制对某个数据库的访问方式。Oracle 数据库管理系统的安全机制可以防止未授权的数据库访问、防止对具体对象的未授权访问、控制磁盘及系统资源（如 CPU 时间）的分配和使用，以及稽核用户行为等。这些机制的具体实现主要是由数据库管理员（DBA）和开发人员完成的。

与具体应用相关的数据库安全可划分为系统安全和数据安全两类。系统安全包括的安全机制可以在整个系统范围内控制对数据库的访问和使用，如有效的用户名和口令，是否授权给用户连接数据库、某用户能用的最大磁盘空间、限制资源的使用、自动数据库稽核及用户能执行的系统操作等。数据安全包括的安全机制可以在对象（如表、视图等）这一级上控制对数据库的访问和使用，例如，哪个用户可以访问某特定的对象及对这个对象允许执行的操作（如允许查询和插入操作但不允许删除操作）和需要稽核的操作等。

Oracle 数据库服务器或数据库管理系统提供了可自由决定的访问控制手段，即 Oracle 根据特权来限制对信息的访问。为了让用户访问某对象，必须把适当的特权分配给用户，拥有这种特权的用户可以自由地给其他用户授予特权。因此，这种安全机制就称为是可自由决定的。Oracle 使用几种不同的方式管理数据库安全，即数据库用户和对象集、特权、角色、存储空间设置和配额、资源限制及稽核等。

1. 数据库用户和对象集

每个 Oracle 数据库都有一个用户名列表。为了访问某个数据库，用户必须使一个数据库应用（如 From 或 Report）利用有效的数据库用户名与数据库连接，并且每个用户须有一个相应的用户口令以防未授权的访问，与每个用户紧密相关的是一个同名的对象集，即对象的逻辑集合。在默认情况下，每个用户可以访问相应的对象集中的所有对象。Oracle 还对每个用户定义了一个安全域，它决定用户拥有的行为（特权和角色）、用户的表空间配额（磁盘空间），以及对用户的系统资源限制（如 CPU 处理时间）。

2. 特权

特权是执行某个特定 SQL 语句的权力，如连接数据库（创建一个会话），在相应用户的对象集内创建一个新表，从其他用户的数据库中查询数列记录，执行其他用户的存储过程等。Oracle 数据库的特权可分为两类：系统特权和对象特权。

系统特权允许用户执行特定的系统操作或对某个对象执行特定的操作，如创建表空间或删除数据库中任一个表中的记录。很多特权只有数据库管理员和应用开发人员才有，因为这些操作功能极为强大；对象特权可以让用户对某个特定的对象执行特定的操作，如删除某个特定表中的记录。这种特权被授予应用的最终用户，让他们中的数据库完成特定的任务。

特权授予用户的目的是使用户可以访问和修改数据库中的数据，可以直接授给用户，也可以授给角色，然后角色可被授予一个至多个用户。如 EMP 表中插入记录的特权可授予称为 CLERK 的角色，然后再授给用户 Scot 和 Bian。由于角色具有特权授予使用用户称为易于有效地管理特权的特点，因此特权通常给角色而不是某个用户。

3. 存储空间的设置和配额

Oracle 为限制分配给某个具体数据库的磁盘空间的使用提供了有效的手段，包括缺省和临时表空间及表空间配额。每个用户都有一个缺省空间，如果用户具有在特定的缺省空间中创建对象和配额的特权，那么在创建表等对象时又无其他表空间，则使用这个缺省表空间。

每个用户有一个临时表空间。用户执行一个需要创建临时段的 SQL 语句时，使用用户的临时表空间。通过把所有用户的临时段引导到临时表空间，可减少临时段和其他种类的段的输入 / 输出冲突。

Oracle 可以限制对象的可用磁盘空间即分配配额，可实现对对象占用的磁盘空间进行有选择性的控制。

4. 稽核

Oracle 允许对用户的操作实施有选择的稽核，以帮助调查可疑的数据库使用，可在三个不同层面实施：语句稽核、特权稽核和对象稽核。语句稽核是检查特定的 SQL 语句，而不涉及具体的对象。这种稽核既可以对系统的所有用户，又可对部分用户实施。特权稽核是检查功能极其强大的系统特权的使用情况，不涉及具体的对象。这种稽核也是既可以对系统的所有用户，又可对部分用户实施。对象稽核是检查对特定对象的访问情况，不涉及具体的用户，是监控有对象特权的 SQL 语句，如 SELECT 或 DELETE 语句。

Oracle 允许各种稽核对已成功执行了的语句、未成功执行的语句或两者进行选择性稽核，这样就可监控可疑的语句，而不管用户是否有报告这种语句的特权。稽核操作的结果记录在稽核跟踪表中。

参考文献

[1] 梁玮，裴明涛.计算机视觉 [M].北京：北京理工大学出版社，2021.01.

[2] 杨洁.计算机组成原理 [M].北京：机械工业出版社，2021.01.

[3] 张红，王志梅.计算机应用基础 [M].杭州：浙江大学出版社，2021.05.

[4] 贺鹏.计算机网络时间同步原理与应用 [M].武汉：华中科技大学出版社，2021.03.

[5] 段莎莉.计算机软件开发与应用研究 [M].长春：吉林人民出版社，2021.02.

[6] 薛光辉，鲍海燕，张虹.计算机网络技术与安全研究 [M].长春：吉林科学技术出版社，2021.05.

[7] 周萍.计算机应用基础实训教程 [M].西安：西北工业大学出版社，2021.07.

[8] 刘瑞新.计算机组装与维护教程 第 7 版 [M].北京：机械工业出版社，2021.07.

[9] 李心广，张晶，潘智刚.普通高等教育计算机类系列教材 汇编语言与计算机系统组成第 2 版 [M].北京：机械工业出版社，2021.05.

[10] 贺杰，何茂辉.普通高等教育"十四五"计算机系列应用型规划教材 计算机网络 [M].武汉：华中师范大学出版社，2021.01.

[11] 陈宗海，杨晓宇，汪玉洁.研究生系列教材 计算机控制工程 计算机科学与技术 第 2 版 [M].合肥：中国科学技术大学出版社，2021.03.

[12] 史涯晴，贺汛.高等学校计算机专业系列教材 编译方法导论 [M].北京：机械工业出版社，2021.04.

[13] 王睿.计算机前沿技术丛书 Flutter 开发实例解析 [M].北京：机械工业出版社，2021.07.

[14] 余萍."互联网＋"时代计算机应用技术与信息化创新研究 [M].天津：天津科学技术出版社有限公司，2021.09.

[15] 邢黎峰.园林计算机辅助设计教程 AutoCAD2021 中文版 [M].北京：机械工业出版社，2021.03.

[16] 黄彦.计算机网络 [M].北京：中国铁道出版社，2020.04.

[17] 李环.计算机网络 [M].北京：中国铁道出版社，2020.03.

[18] 王新良.计算机网络 [M].北京：机械工业出版社，2020.05.

[19] 张剑飞.计算机网络教程 [M].北京：机械工业出版社，2020.08.

[20] 潘银松，颜烨，高瑜.计算机导论 [M].重庆：重庆大学出版社，2020.10.

[21] 王超.计算机控制技术 [M].北京：机械工业出版社，2020.05.

[22] 顾德英，罗云林，马淑华.计算机控制技术 [M].北京：北京邮电大学出版社，2020.06.

[23] 陈双双，郭晓琳.计算机应用基础 [M].北京：北京理工大学出版社，2020.07.

[24] 钟文龙.计算机英语 [M].重庆：重庆大学出版社，2020.08.

[25] 刘美丽.计算机仿真技术 [M].北京：北京理工大学出版社，2020.05.

[26] 秦敬丽，赵永梅，杨宏宇.计算机制图 [M].哈尔滨：哈尔滨工程大学出版社，2020.08.

[27] 刘音，王志海.计算机应用基础 [M].北京：北京邮电大学出版社，2020.06.

[28] 高扬.MATLAB 与计算机仿真 [M].北京：机械工业出版社，2020.09.

[29] 刘汉英.计算机算法 [M].北京：冶金工业出版社，2020.04.

[30] 戴晶晶，胡成松.大学计算机基础 [M].成都：电子科技大学出版社，2020.07.

[31] 陈立岩，刘亮，徐健.计算机网络技术 [M].成都：电子科技大学出

版社，2019.06.

[32] 李乔凤，陈双双 . 计算机应用基础 [M]. 北京：北京理工大学出版社，2019.09.

[33] 刘申菊 . 计算机网络 [M]. 北京：北京理工大学出版社，2019.04.

[34] 包空军，程静，王鹏远 . 大学计算机 [M]. 北京：中国铁道出版社，2019.08.

[35] 袁兴明，王超，王贵珍 . 计算机应用基础 [M]. 成都：电子科技大学出版社，2019.03.

[36] 梅创社 . 计算机网络技术 [M]. 北京：北京理工大学出版社，2019.11.

[37] 李剑 . 计算机网络安全 [M]. 北京：机械工业出版社，2019.08.